青岛润博特
生物科技有限公司
www.chinarbt.com

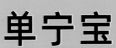

单宁宝
—水解单宁酸制剂

无抗时代
治疗动物腹泻的最佳选择

单宁宝应用方案

动物种类	教保料	小猪料	内鸡	蛋鸡	兔子断奶阶段	特种、经济、皮毛动物
用法用量	1-1.5kg/吨	500-800g/吨	300-500g/吨	200-300g/吨	1-2kg/吨	200-400g/吨

治疗动物腹泻：可提高添加量2-3倍，连续用3-5天。

青岛润博特生物科技有限公司
QINGDAO RBT BIOTECHNOLOGY CO.,LTD
青岛市胶州市里岔镇大朱戈工业园区 | 📞 0532-86239688 📠 0532-86239687

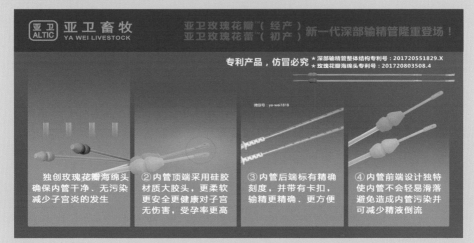

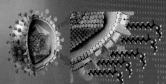
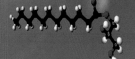

天下无蓝

蓝耳病
完美解决方案

佑蓝泰® × 佑蓝宝® 完美协同

佑蓝泰®
全球首个
蓝耳嵌合活疫苗

佑蓝宝®
高纯度高浓度
完整蓝耳病毒颗粒灭活疫苗

☑ 最佳激活免疫组合，且不损伤免疫系统
☑ 同时防控经典PRRS和HP-PRRS
☑ 不散毒、不重组、更安全
☑ 坚持使用可净化蓝耳病

佑本疫苗
至纯至美

立即扫码
彻底告别蓝耳

规模养猪非洲猪瘟等重大疫病防控技术图谱

代广军　苗连叶　戴秋颖　主　编

中国农业出版社
北　京

内容提要

　　自 2018 年 8 月份非洲猪瘟进入我国以来，给养猪生产造成了很大损失，导致很多猪场甚至一些超大型养猪场关门倒闭。本病的发生和流行，也对整个养猪行业今后的发展产生了巨大影响。如何采取有效措施防控非瘟发生，在确保猪场安全的基础上尽可能减少损失，已成为业内人士面临的新课题。本书结合规模猪场生产管理实际情况，全面、系统介绍非洲猪瘟防控操作具体规范和管理技术，包括：非瘟临床表现、诊断、采样等规范要求，对非瘟在我国发生的认识与反思，分析导致猪场发生非瘟的内外部因素，猪场防控非瘟的实战技术操作，非瘟发生后的猪场复养实战技术操作，其他危害养猪业的重大疫病防控技术等。

编者人员名单

主　编　代广军　苗连叶　戴秋颖

副主编　李国平　郑泽中　曹远东　孙芳芳

编　者　汪镇南　段　强　温福华　刘宜存

　　　　杜根成　张　深　靳卫国　穆爱锋

　　　　周　志　田卫华　师丽刚

序

自 2018 年非瘟进入我国以来，给养猪业造成了重大损失，加上蓝耳病、伪狂犬等一些重大疫病的不断发生，使养猪者雪上加霜、不断遭受着猪病的煎熬。如何有效防控非瘟等重大疫病、利用今后几年猪价上涨机遇赚钱，是养猪老板们面临的新课题。

非瘟在我国发生和流行，所到之处毫不留情，导致清场无数、复养艰难的状况，说明多数猪场的疫病防控系统存有漏洞，不能适应非瘟防控工作需要。对养猪者来说，非瘟发生前那些疏防范、重治疗，骄自满、轻学习，心存侥幸、不愿意在生物安全体系建设及营养保健方面多增加投入的想法和做法，以及在猪场日常工作中粗放管理、在疫病突发面前反应迟缓、处置病猪不果断、对非瘟等重大疫病防控的经验严重不足等，最终造成了重大损失，很多猪场因此一蹶不振，失去复养能力。

非瘟扫荡后的残酷现实，令人警醒。无论是现代化的养猪企业集团，还是较为传统的中小型猪场，在非瘟面前大家都一样。遭受过非瘟洗礼的养猪人，再也不敢肆意"游戏养猪"及侥幸养猪了。非瘟的发生不仅再次验证了"家财万贯，带毛不算"的古语，还让养猪人真正体会到了确保猪群体质健康、提高抗病力及增强对疫病的防范意识、建立健全生物安全防范措施的紧迫性和重要性。

本书作者根据自己近两年来在养猪生产一线从事非瘟防控工作取得的实践经验，结合我国猪场防控非瘟的生产现状，对非瘟临床症状、流行特点、发生规律和时间节点进行了总结，用 300 多幅图片，对导致猪场发生非瘟的内外部因素进行了分析、探讨、研究，从非瘟防控实战操作的角度，对很多猪场非瘟防控的经验教训进行了总结、分享，对目前猪场在非瘟等重大疫病防控工作中存在的相关问题，有针对性地提出了改进措施，使读者一目了然。

　　本书内容丰富，语言朴实，通俗易懂，实用性强，对加强规模化、集约化养猪场非瘟等重大疫病防控工作，进一步提高规模养猪效益，具有现实指导意义，值得参考和借鉴。

河南省饲料工业协会名誉会长
河南省养猪行业协会副会长

2020年6月

目 录

序

1

第 1 篇　非洲猪瘟临床表现、诊断、采样等规范要求

自 2018 年 8 月非洲猪瘟（以下简称非瘟）进入我国以来，给养猪生产造成了很大损失（图 1-1、图 1-2），导致很多猪场甚至一些超大型养猪场关门倒闭。本病的发生和流行，也对整个养猪行业今后的发展产生了巨大影响。如何采取有效措施防控非瘟发生，在确保猪场安全的基础上尽可能减少损失，已成为业内人士面临的新课题。

图 1-1　非瘟导致了大量生猪死亡　　　　图 1-2　非瘟导致了大量生猪死亡

为帮助养猪从业人员正确掌握非瘟的诊断、样品采集及运输与保存、消毒及无害化处理等相关规范和要求，本部分内容主要将农业农村部办公厅 2020 年 2 月 29 日印发的 2020 年版《非洲猪瘟疫情应急实施方案》中 4 个附件（非洲猪瘟诊断规范，非洲猪瘟样品的采集、运输与保存要求，非洲猪瘟消毒规范，非洲猪瘟无害化处理规范）予以摘录，同时将各类猪群的实际临床症状予以总结，以便读者在处理非瘟问题时有章可循。

第1章 非洲猪瘟诊断规范

一、流行病学

（一）传染源

感染非洲猪瘟病毒的家猪、野猪（包括病猪、康复猪和隐性感染猪）和钝缘软蜱等为主要传染源。

（二）传播途径

主要通过接触非洲猪瘟病毒感染猪或非洲猪瘟病毒污染物（餐厨废弃物、饲料、饮水、圈舍、垫草、衣物、用具、车辆等）传播，消化道和呼吸道是最主要的感染途径；也可经钝缘软蜱等媒介昆虫叮咬传播。

（三）易感动物

家猪和欧亚野猪高度易感，无明显的品种、日龄和性别差异。疣猪和薮猪虽可感染，但不表现明显临床症状。

（四）潜伏期

因毒株、宿主和感染途径的不同，潜伏期有所差异，一般为 5～19 天，最长可达 21 天。世界动物卫生组织《陆生动物卫生法典》将潜伏期定为 15 天。

（五）发病率和病死率

不同毒株致病性有所差异，强毒力毒株可导致感染猪在 12～14 天内 100% 死亡，中等毒力毒株造成的病死率一般为 30%～50%，低毒力毒株仅引起少量猪死亡。

（六）季节性

该病季节性不明显。

二、临床表现

（一）最急性

无明显临床症状突然死亡。

（二）急性

体温可高达 42℃，沉郁，厌食，耳、四肢、腹部皮肤有出血点，可视黏膜潮红、发绀。眼、鼻有黏液脓性分泌物；呕吐；便秘，粪便表面有血液和黏液覆盖；腹泻，粪便带血。共济失调或步态僵直，呼吸困难，病程延长则出现其他神经症状。妊娠母猪流产。病死率可达 100%。病程 4～10 天。

（三）亚急性

症状与急性相同，但病情较轻，病死率较低。体温波动无规律，一般高于 40.5℃。仔猪病死率较高。病程 5～30 天。

（四）慢性

波状热，呼吸困难，湿咳。消瘦或发育迟缓，体弱，毛色暗淡。关节肿胀，皮肤溃疡。死亡率低。病程 2 ～ 15 个月。

三、病理变化

典型的病理变化包括浆膜表面充血、出血，肾脏、肺脏表面有出血点，心内膜和心外膜有大量出血点，胃、肠道黏膜弥漫性出血；胆囊、膀胱出血；肺脏肿大，切面流出泡沫性液体，气管内有血性泡沫样黏液；脾脏肿大，易碎，呈暗红色至黑色，表面有出血点，边缘钝圆，有时出现边缘梗死。颌下淋巴结、腹腔淋巴结肿大，严重出血。

最急性型的个体可能不出现明显的病理变化。

四、实验室鉴别诊断

非洲猪瘟临床症状与古典猪瘟、高致病性猪蓝耳病、猪丹毒等疫病相似，必须通过实验室检测进行鉴别诊断。

（一）样品的采集、运输和保存（见本篇第 2 章内容）。

（二）抗体检测

抗体检测可采用间接酶联免疫吸附试验、阻断酶联免疫吸附试验和间接荧光抗体试验等方法。

（三）病原学检测

1. 病原学快速检测

可采用双抗体夹心酶联免疫吸附试验、聚合酶链式反应或实时荧光聚合酶链式反应等方法。

2. 病毒分离鉴定

可采用细胞培养等方法。从事非洲猪瘟病毒分离鉴定工作，必须经农业农村部批准。

五、结果判定

（一）可疑病例

猪群符合下述流行病学、临床症状、剖检病变标准之一的，判定为可疑病例。

1. 流行病学标准

（1）已经按照程序规范免疫猪瘟、高致病性猪蓝耳病等疫苗，但猪群发病率、病死率依然超出正常范围。

（2）饲喂餐厨废弃物的猪群，出现高发病率、高病死率。

（3）调入猪群、更换饲料、外来人员和车辆进入猪场、畜主和饲养人员购买生猪产品等可能风险事件发生后，15 天内出现高发病率、高死亡率。

（4）野外放养有可能接触垃圾的猪出现发病或死亡。

符合上述 4 条之一的，判定为符合流行病学标准。

2. 临床症状标准

（1）发病率、病死率超出正常范围或无前兆突然死亡。

（2）皮肤发红或发紫。

（3）出现高热或结膜炎症状。

（4）出现腹泻或呕吐症状。

（5）出现神经症状。

符合第（1）条，且符合其他条之一的，判定为符合临床症状标准。

3. 剖检病变标准

（1）脾脏异常肿大。

（2）脾脏有出血性梗死。

（3）下颌淋巴结出血。

（4）腹腔淋巴结出血。

符合上述任何一条的，判定为符合剖检病变标准。

（二）疑似病例

对临床可疑病例，经县级或地市级动物疫病预防控制机构实验室检测为阳性的，判定为疑似病例。

（三）确诊病例

对疑似病例，按有关要求经省级动物疫病预防控制机构实验室复核，结果为阳性的，判定为确诊病例。

第2章　非洲猪瘟样品的采集、运输与保存要求

可采集发病动物或同群动物的血清样品和病原学样品，病原学样品主要包括抗凝血、脾脏、扁桃体、淋巴结、肾脏和骨髓等。如环境中存在钝缘软蜱，也应一并采集。

样品的包装和运输应符合农业农村部《高致病性动物病原微生物菌（毒）种或者样本运输包装规范》等规定。规范填写采样登记表，采集的样品应在冷藏密封状态下运输到相关实验室。

一、血清样品

无菌采集5毫升血液样品，室温放置12～24小时，收集血清，冷藏运输。到达检测实验室后，冷冻保存。

二、病原学样品

（一）抗凝血样品

无菌采集5毫升乙二胺四乙酸抗凝血，冷藏运输。到达检测实验室后，－70℃冷冻保存。

（二）组织样品

首选脾脏，其次为扁桃体、淋巴结、肾脏、骨髓等，冷藏运输。样品到达检测实验室后，－70℃保存。

（三）钝缘软蜱

将收集的钝缘软蜱放入有螺旋盖的样品瓶/管中，放入少量土壤，盖内衬以纱布，常温保存运输。到达检测实验室后，−70℃冷冻保存或置于液氮中；如仅对样品进行形态学观察，可以放入 100% 酒精中保存。

第3章　非洲猪瘟消毒规范

一、消毒产品应用范围与推荐种类（表 1–1）

表 1-1　消毒产品应用范围与推荐种类

应用范围		推荐种类
道路、车辆	生产线道路、疫区及疫点道路	氢氧化钠（火碱）、氢氧化钙（生石灰）
	车辆及运输工具	酚类、戊二醛类、季铵盐类、复方含碘类（碘、磷酸、硫酸复合物）
	大门口及更衣室消毒池、脚踏垫	氢氧化钠
生产、加工区	畜舍建筑物、围栏、木质结构、水泥表面、地面	氢氧化钠、酚类、戊二醛类、二氧化氯类
	生产、加工设备及器具	季铵盐类、复方含碘类（碘、磷酸、硫酸复合物）、过硫酸氢钾类
	环境及空气消毒	过硫酸氢钾类、二氧化氯类
	饮水消毒	季铵盐类、过硫酸氢钾类、二氧化氯类、含氯类
	人员皮肤消毒	含碘类
	衣、帽、鞋等可能被污染的物品	过硫酸氢钾类
办公、生活区	疫区范围内办公、饲养人员宿舍、公共食堂等场所	二氧化氯类、过硫酸氢钾类、含氯类
人员、衣物	隔离服、胶鞋等，进出	过硫酸氢钾类

注：①氢氧化钠、氢氧化钙消毒剂，可采用 1% 工作浓度；②戊二醛类、季铵盐类、酚类、二氧化氯类消毒剂，可参考说明书标明的工作浓度使用，饮水消毒工作浓度除外；③含碘类、含氯类、过硫酸氢钾类消毒剂，可参考说明书标明的高工作浓度使用。

二、场地及设施设备消毒

（一）消毒前准备

（1）消毒前必须清除有机物、污物、粪便、饲料、垫料等。

（2）选择合适的消毒产品。

（3）备有喷雾器、火焰喷射枪、消毒车辆、消毒防护用具（如口罩、手套、防护靴等）、消毒容器等。

（二）消毒方法

（1）对金属设施设备，可采用火焰、熏蒸和冲洗等方式消毒。

（2）对圈舍、车辆、屠宰加工、贮藏等场所，可采用消毒液清洗、喷洒等方式消毒。

（3）对养殖场（户）的饲料、垫料，可采用堆积发酵或焚烧等方式处理，对粪便等污物，作化学处理后采用深埋、堆积发酵或焚烧等方式处理。

（4）对疫区范围内办公、饲养人员的宿舍、公共食堂等场所，可采用喷洒方式消毒。

（5）对消毒产生的污水应进行无害化处理。

（三）人员及物品消毒

（1）饲养管理人员可采取淋浴消毒。

（2）对衣、帽、鞋等可能被污染的物品，可采取消毒液浸泡、高压灭菌等方式消毒。

（四）消毒频率

疫点每天消毒 3 ～ 5 次，连续 7 天，之后每天消毒 1 次，持续消毒 15 天；疫区临时消毒站做好出入车辆人员消毒工作，直至解除。

第4章　非洲猪瘟无害化处理要求

在非洲猪瘟疫情处置过程中，对病死猪、被扑杀猪及相关产品进行无害化处理，按照《病死及病害动物无害化处理规范》(农医发〔2017〕25 号) 规定执行。

第5章　非瘟疑似病例在猪场内部发生轨迹探讨

目前，我国大多数猪场均采用一点式养猪的生产管理模式，即在一个猪场内同时饲养后备猪、种猪、乳猪、保育猪及育肥猪。由于不同生理阶段的猪在一个猪场内饲养，而这些猪群的发病特点不一样，相应增加了管理和疫病防控的难度，尤其是像非瘟这样的接触性传染病更是如此。对非瘟这个新型流行疫病在我国猪场发生和流行的轨迹进行总结、探讨，就能加深对本病的认识，进而采取相应措施予以防控，减少经济损失。

猪场发生非瘟疑似病例时多从母猪开始，尤其是先从怀孕母猪开始（图 1-3），刚产完仔猪及下产床的母猪也多发（图 1-4），个别也有后备母猪先发病的现象。为何本病多是先从母猪开始，值得研究探讨。

图 1-3　怀孕母猪发病流产　　　　　　　图 1-4　断奶母猪发病死亡

有些猪场发生非瘟疑似病例是从育肥大猪开始（图 1-5），最初个别或少数几头发生不明原因的突然死亡，被猪场当着一般性猪病处理了，但随后又陆陆续续在一栋猪舍内出现同样问题，猪场管理者才开始认识到问题的严重性，但为时已晚。发病猪一般先出现拱料不吃的现象，随后开始发烧、气喘，一些猪还出现便血，一周左右开始出现陆续死亡（图 1-6）。从外观看和普通猪瘟、蓝耳病混感无法区分。也有部分死猪口鼻留有泡沫性血液，和急性传染性胸膜肺炎症状相似。本病先从育肥大猪开始，可能与育肥舍通过卖猪对外接触频繁有关。

图 1-5　发病猪及同群猪作无害化处理　　图 1-6　发病育肥猪死亡

从一些自繁自养猪场非瘟疑似病例的发生情况看，刚开始时保育猪和产房乳猪暂时未发病。随着母猪不断地发病淘汰，产房乳猪也开始陆续出现问题，表现出发烧、整窝呈现陆续死亡的现象；当母猪和育肥猪不断发病、不断被淘汰处理完毕（也有些场这些猪被处理到一多半时）时，保育舍部分猪才开始出现皮肤发红、发烧、不吃食现象，呈现陆陆续续死亡，也有个别猪发生急性死亡。保育猪之所以最后发病，可能与保育猪一般都会使用高营养水平饲料饲喂，以及猪场都很重视对这类猪的管理使之抗病力较强有关。

　　猪群发病非瘟疑似病例后，由于临床症状与猪瘟、蓝耳病、传染性胸膜肺炎等相似，有些猪场按常规采样到实验室，也多是检测以上猪病。检测结果出来后，很多猪场随后都按以往的防控上述猪病的经验采取了诸如及时淘汰发病猪，加强消毒，在饲料里面添加药物等措施，也暂时稳定了半月到1个月的时间。但随后猪群再次陆陆续续又出现了相同临床症状的病猪，好似一波一波发病但控制效果无效，很多猪场迫于无奈最后干脆选择了直接清群。也有些猪场把发病栋舍整栋淘汰后，对未发病的栋舍采取了隔离、消毒等严格隔离措施，保存了一批猪，进入了未清空猪场但仍在生产的状况。生产实践证明，这类猪场从发病康复的母猪（也有些母猪没有发病）后代中选留的后备猪用于生产，如果没有采取检测净化等措施，猪场最终还会发病，有的持续数月，猪群健康状况时好时坏，有的则常年不断，备受煎熬。

　　总结：从报纸杂志、网络、微信朋友圈、研讨会等多种途径了解到的非瘟临床症状，以及与发病猪场老板、技术员交流的情况看，猪场发生非瘟疑似病例时的临床表现不尽相同。但从猪场存栏的各类猪群的发病流行规律看，先母猪和育肥猪，后产房乳猪，最后是保育猪发病。但也有部分猪场的猪在保育期间不发病，当30千克后出保育舍、转到育肥舍后饲养到50～70千克时才开始陆续出现问题；也有些猪场的育肥猪在其他猪群相对平稳的情况下，饲养到90千克左右时才开始陆续发生问题，表现出临床症状，尤其是猪群在发生严重的应激反应及昼夜温差较大的情况下。

　　一些猪场总结了经验教训，心有余悸，不敢再对保育猪转群，一直在保育舍饲养到70千克左右再转至育肥舍。这些猪在育肥舍饲喂高营养水平的饲料及加强良好的防寒保暖及防暑降温措施后，一般可以饲养到一个月以上，如果此时猪群再有发生问题的苗头时就可随时出售，按非瘟后的市场价格这些猪不会赔钱，还会有部分盈利。但如果按常规饲养到30千克左右出保育舍后，饲养到50～70千克再发病，这些猪就不值钱了，只能作无害化处理。

第2篇 对非洲猪瘟的认识与反思

第1章 非瘟在我国发生和流行的关键节点探讨

从农业农村部公布的全国范围内非瘟发生的分布情况看,本病在我国的传播和暴发,似乎有一定的时间节点和流行规律可循。了解这些关键节点就能提前做好防范预案,控制本病发生。

虽然本病在我国不同区域一年四季都有发生,但具有一定的季节性时间节点。2018年底前,主要集中在北方地区的秋冬季节变换及春节前的冬季(昼夜温差较大、雨雪天气、寒冷);2019年的2—4月主要集中在南方地区(尤其是两广地区春节前后人流频繁、梅雨季节、阴冷潮湿);2019年的7—8月在湖南、湖北等长江中下游地区发生(雨季及高温、高湿季节)。这些发病高峰的时间节点似乎与我国的气候特征、人流高峰、降水降雪高峰高度吻合,不仅仅是对非瘟,对其他季节性猪传染病的发生多数情况也是如此。

一、秋冬季节变换及冬季严寒,可使北方地区非瘟高发

(1)秋冬季节变换时节,昼夜温差较大,猪群很容易因冷热应激而导致对疾病的抵抗力下降,从而发生问题。而此时北方的多数猪场由于对昼夜温差较大对猪群的危害性认识不足,没有及时采取相应的防寒保暖措施,从而导致猪群发病。

(2)猪的抗病能力在冬季最差,猪的各类疾病在冬季本来就是高发期。

(3)北方冬季的多数猪舍,无法同时兼顾通风和保暖。在保证取暖后,猪舍内空气不流通,容易感染病毒;在保证通风后,猪舍内温度下降,猪容易发生呼吸道疾病。

(4)气温低、结冰及雨雪泥浆,使日常采取的相关消毒措施无法发挥应有作用,甚至没有效果。

从国家公布的非瘟发生情况看,2018年自8月我国发生非瘟以来至年底,主要是集中在寒冷的东北、华北等地区,对猪场造成的损失非常严重,而温暖的南方各省少有发生。

二、春季梅雨季节可使南方地区非瘟高发

2019年两广地区疫情就发生在春季的梅雨季节,且雨季持续时间较长,天

气阴冷潮湿，饲料容易发霉变质，在南方地区猪场几乎没有防寒保暖设施的情况下，一旦遇到非瘟病毒的侵袭猪群很容易患病。所以，两广地区的非瘟疫情在春节后发生，同样造成了重大损失。

三、春节期间可使非瘟快速传播

（1）临近春节，农村开始进入过年氛围，集贸市场最繁荣，尤其是春节前几天屠宰厂陆续停工放假。一些有非瘟发生苗头的猪场，担心春节期间猪病暴发，于是抓紧在年前处理猪。这些低价猪被猪贩子买走后，就去了农村集贸市场，也顺便带去了非瘟病毒的大传播。

（2）对常年不能回家的猪场员工来说，在春节期间最痛苦的事情就是想家。严重的思乡情绪会导致员工思想不稳定、工作怠慢、责任心变差。

（3）春节前又是一个卖猪的旺季，很多猪场为卖个好价钱都选择在春节前集中卖猪，如果对卖猪过程把控不严，感染非瘟（尤其是对外来拉猪车辆消毒不严格），那猪场出事是必然的。

（4）春节过后要走村访友，尤其南方地区更甚。而很多养猪老板春节前对人员进出控制的很紧，春节已过就放松了警惕，对离场员工的控制也没有以前那么严格了，甚至老板对自己的要求也放松了，回场后不经洗澡消毒就回到生活区、甚至直接到生产区，导致春节前后猪场容易发生问题。

四、夏季主汛期可使部分地区非瘟高发

非瘟在我国北方地区、两广地区发生和流行后，湖南、湖北、四川等地很少发生。但到2019年的7—8月，非瘟也开始在这些地区发生，同样造成了很大损失。因为这个季节是这些地区的雨季主汛期，高温、潮湿极有利于猪病的发生和流行。大雨、暴雨接连不断，到处是沟满河平，大量的雨水泥浆，大大降低了清洗、消毒的效果，而此时非瘟的发生导致了一些猪场老板产生恐慌心理，部分地区一些不负责任的受灾养猪户将病死猪（不一定都是非瘟猪）随意扔在马路边、水沟里，任病原自然扩散。我们也经常可以从网络、视频中可以看到河流中、乡村道路旁出现一些已经腐烂的病死猪尸体（图2-1、图2-2）。这些死猪中若带有非瘟病毒，不但能在水中存活，而且能随水流传播，一旦遇上洪水，必将加速疫情的传播，难以控制。笔者对一些猪场反复强调、建议，不要在雨天对外卖猪。

从非瘟发生区域及时间节点的轨迹来看，本病今后每年都有可能沿着这些轨迹继续发生，从而给养猪业造成损失。为此笔者建议，猪场老板要在季节变换、冬季、春节前后、雨季等时间节点，加强对猪群的管理，确保安全生产。

非瘟确实令人防不胜防，绝不能存在丝毫的侥幸心理，尤其是那些非瘟后仍在继续生产的猪场更应引起注意。

图 2-1　死猪被扔到水沟里

图 2-2　死猪被抛在路边

第 2 章　非瘟发生后的反思

非瘟在世界范围内发生，距今已有 98 年历史，到目前为止已有 70 个国家先后发生非瘟疫情。其中，只有 13 个国家根除了疫情，根除耗费时间长达 5 ～ 36 年。有些国家消灭后非瘟又重新发生。鉴于非瘟对养猪业可造成毁灭性打击的现实，对待本病绝不能掉以轻心，要充分做好与其打持久战的思想准备。

第 1 节　轻视非瘟防控，导致猪场遭天顶之灾

非瘟作为一个新型疫病，虽然能给猪场带来毁灭性打击，但很多猪场老板起初并未亲眼看到损失，也确实不知道这个病的厉害程度。一些养猪老板嘴上说高度重视，实际上并没有采取行动。当非瘟真的发生时，看到存栏的猪大批发病死亡，几天内猪场很快清空时，猪场老板一下子接受不了这个现实，也不能承受这巨大损失时，心情异常沉重！

一、轻敌型

有些条件较好的猪场老板，认为自己猪场设备先进、管理水平较高，防范非瘟根本不成问题。

二、侥幸型

听说别的猪场发生非瘟清场了，自己没有发生，心存侥幸，既不想投入，也不积极防范；有的养猪老板老板天真地认为非瘟就是一阵风，马上就过去了。

三、优柔寡断型

今天这个舍发病几头，明天那个舍发病几头，不知道何时才是个尽头，把发病的同群猪及整栋猪作无害化处理有些舍不得。猪场发病时犹豫不决、处置不果断，导致火烧连营，连绵数月，最终效果不佳——对非瘟失去了控制的最佳时机！

四、悲观失望型

认为全国都发生非瘟了，这么多猪场都发生了，谁也跑不掉，发生非瘟是早晚之事，消极对待非瘟。

五、不作为型

明明知道非瘟的厉害和产生的严重后果，找各种客观理由就是不愿意在防非瘟方面增加投入，根本原因是怕花钱，怕加大投资成本。没弄明白在非瘟的严峻形势下，是保命要紧还是降低成本重要？

目前，非瘟已给我国养猪业造成了巨大损失，很多猪场因此而倒闭。只有充分认识到非瘟青面獠牙的真面目，不断总结其发生和流行的规律，要全力打造、升级生物安全防范系统，建立非瘟检测实验室，积极落实各项防非瘟措施，才能打赢这场战争。

第 2 节　正确认识非瘟，不能掉以轻心

一、认为非瘟病毒会自然弱化、消失的观点不可取

非瘟病毒如果能自然弱化、自然消失，那么，在非瘟暴发近 100 年后，现在传到中国，就不会对中国产生如此强大的杀伤力。非瘟进入中国后的实践表明，一切认为非瘟病毒会如其他猪病一样，随着时间推移会自然弱化、造成的损失会逐渐减少，甚至会自然消失的观点，只是一厢情愿，容易误导人们在防非瘟方面产生松劲和麻痹大意思想，实不可取。

二、认识非瘟的致命弱点，利于采取防范措施

非瘟病毒致命弱点：一是怕高温，目前饲料厂采用的 85℃ 3 分钟生产加工工艺、对车辆采取 60℃ 30 分钟高温烘干、猪场用火焰喷射器对猪舍消毒等措施，就是利用非瘟病毒怕高温这一弱点；二是怕干燥，圈舍保持一定时间的干燥则病毒不易存活，对清空消毒后的猪舍干燥的过程，就是消毒药物杀灭病原微生物的过程，这个过程不能省略；三是怕强酸（pH ＜ 3.9）强碱（pH ＞ 11.5）。所以，强酸强碱都可以消毒，目前有些猪场对猪群饲喂酸化剂的做法，也是基于这一点。

尽管非瘟杀伤力强大，但毕竟是一种接触性传染病，只要想方设法把传播途径切断即可。无论是理论上还是实践中，是可以做到可防可控的。实践表明，一些在非瘟暴发过程中能活下来的猪场，设备条件并不怎么先进，他们在防控非瘟方面的措施和做法值得学习、借鉴。

三、非瘟防控的关键在于执行力强弱，管理是否到位

在我国目前多数猪场防非瘟硬件设施条件较落后的现实情况下，防非瘟管理措施执行是否到位，就成为能否成功防控非瘟的关键。所谓管理到位，就是将防范非瘟各项措施的细节不打折扣、认真执行到位即可。非瘟防控的结果只有 0 分

与 100 分的区别，没有其他。

"管理上严格到位说起来容易，但做起来真的很难"，一些中招的猪场老板如是说。应该看到，非瘟既给猪场造成了巨大损失，甚至是灭顶之灾，但由此也带来了高价位的长时间运行。因此，对猪场老板来说，非瘟既是巨大的挑战，也是千载难逢的盈利和发展机遇。猪场老板应该明白，既然自己投资选择了养猪，如果不想退出该行业就要提升生物安全防范体系，想方设法做到"管理到位"，要积极为成功找方法，而不是为失败找借口。

四、使用非瘟耐过猪后代留种的做法值得商榷

非瘟对猪场杀伤力很大，但不一定是完全覆灭。实践证明，非瘟发生的猪场确实会有约三分之一的库存猪幸存下来。这种感染非瘟而不死的猪，专业上叫"耐过猪"，现在有一个新名词也叫"无症状感染者"。这类猪感染非瘟病毒后本身不表现症状，但对外排毒可感染其他健康猪（也有资料介绍说非瘟耐过猪可带毒时间长达 3 个多月），危害极大。目前，一些非瘟发生后仍在生产的猪场，为急于恢复生产，多采用未经非瘟检测的"耐过猪"做母猪。从一些该类猪场 2019 年度生产不稳定的情况来看，多数发病猪还是先从母猪开始，几乎与先前发生的非瘟一模一样，再次造成了很大损失，只不过发病的猛烈程度略低于先前而已。那些被用于留种的耐过母猪及其后代母猪多数成为受害者的现实，表明了使用非瘟"耐过猪"留作种用恢复生产的做法，值得研究、探讨。

未经非瘟检测的"耐过猪"及其后代留种，重新发病的原因是否可以解释："耐过猪"及其后代体内可能携带有非瘟病毒，该病毒与外界环境达到了某种动态平衡，适应了该环境下的生活状态，但在关键时刻如一旦遇到高温高湿、密度过大、昼夜温差较大及进入严寒冬季等外界环境条件的改变，导致机体免疫力下降时，其破坏性就显现出来，于是非瘟就再次发生。

五、防控非瘟不能怕投资、图省事、怕麻烦

非瘟在较短的时间内传遍全国的事实表明，目前我国猪场的疫病防控体系存在很大漏洞，确实不能适应防控非瘟的需要，应予以反思、改进。

（一）防控非瘟不能怕投资，要根据非瘟发生和流行特点，对基础设施因地制宜进行技术升级改造，否则是防不住、控不住非瘟的

（1）在猪场外建售猪中转站、车辆洗消烘中心、购买场内外转猪车辆、建物料中转库或在猪场围墙内建饲料中转塔及设置场外一级、二级内部车辆洗消点等，都是非瘟前没有的，必须投资。

（2）完善猪场大门口及生产区门口淋浴消毒间，购买生活区及生产区工作服洗衣烘干设备，在生活区建立人员入场隔离间，购买冬季使用的高温高压清洗设备，购买火焰喷射消毒器，建立非瘟前没有的病猪隔离舍（或引种隔离舍），将员工宿舍从生产区挪至生活区，在猪场建非瘟检测实验室及将员工食堂从场内挪到场外等，都需要投资。

（3）为防止非瘟传播，要在生产区内建病死猪专用处理通道，在猪舍周围安装防鸟网、防鼠板，购置病死猪专用处理车，将目前在生产区内设置的存放死猪的冰库挪至生产区外等，都需要投资。

（4）非瘟前，很多猪场为降低人力资源成本，将员工的劳动量使用到极限，常常是一个人饲养数百头甚至数千头分布在不同栋舍的猪群。这种为降低人力成本的做法无可厚非，但解决不了疫病交叉感染的问题，一旦猪场发生非瘟就很难控制。一个关键的原因是严重缺人！所以，中转卖猪时的装卸猪、中转进料时的卸料、车辆洗消中心及前置消毒点的运作与维护、饲养员由一个人饲养几栋舍的猪群改为由一人一栋舍等，都需要增加人力，而这些都需要增加人力成本。

防控非瘟，对猪场来说就是应对战争！必须全力以赴去应对，否则后果难以预料。2020年在武汉发生的新型冠状病毒肺炎，不就是举全国之力应对的吗，因为新冠病毒对我们中华民族来说就是一场战争！我们看到，在防控该病的过程中，在中央的正确领导下，全国各地的医疗物资源源不断运往灾区，全国各地的一支支医疗队不断奔赴湖北，武汉市为隔离治疗病人甚至快速建了火神山、雷神山医院以及将会展中心的展位临时改造为方舱医院，全国各地启动一级应急响应，大小城市、县、乡、村都进入紧急状态，封村断路，14亿中国人家家户户居家隔离，全国春节假期延后一周多的时间，学生放假延迟开学时间，工厂企业延迟上班开工时间，除主要交通要道外其他县域内交通全部中断，甚至连电动车都禁止上路等，所有这些应对新冠病毒的措施要花费多少钱、造成多大经济损失，恐怕难以估量。所以，猪场防控非瘟确实不能怕投资，该投的必须投。

（二）防控非瘟不能图省事、怕麻烦

常常听到一些猪场老板讲，非瘟给猪场工作造成了很多麻烦，有些措施说着容易做着难。难道按生物安全防范要求严格人员进猪场消毒、卖猪中转、饲料中转开展的日常消毒，人员进生产区每天必须洗澡、进生产区每天必须穿消过毒的工作服和鞋工作，为生产区员工送饭等，比起全国性的新冠病毒防控措施严吗？一点都不严。猪场老板、员工如果连这些简单的、涉及到猪场生死存亡的操作程序都执行不到位，那猪场还怎么活下去。

六、建立非健康猪隔离舍，对猪病及时隔离治疗，减少损失

非瘟前，很多猪场没有病猪隔离舍，常常是在每栋的一端腾出 1～2 个栏专门养发病猪，这种做法是非常危险的。非瘟发生后，尤其是在存栏量很大的保育舍、育肥舍，常常是有 1 头或几头猪发生非瘟问题，猪场老板为防止疫病扩散，就将整栋的猪进行了无害化处理，其中有多少猪被冤枉不得而知，造成了很大损失。如果在猪场外能建一个专用的病猪隔离舍，将疑似的病猪与同群猪及时转到隔离舍进行观察、治疗，也不至于造成不该有的损失。

2003 年北京发生 SARS、2020 年武汉发生的新冠肺炎，为迅速、有效控制疫病，北京、武汉等城市不都建立了小汤山、火神山、雷神山等用于隔离病人的医

院吗？国家为防控疫病采取建隔离医院的措施，值得猪场老板借鉴。

　　人的天性就是喜欢自由自在，不愿意受到约束。严格的规章制度短时间内执行到位没有问题，但长期一贯、表里如一、不打折扣去执行是困难的。但一些关键性的规章制度和操作流程一旦在执行中发生偏差，就会导致损失，有时造成的损失会很大。为杜绝这些不该有的损失发生，就必须通过改善硬件设备条件对人性的懒惰予以弥补。比如，一个猪场正在发病，场长要求饲养员从料房拉料进入猪舍时必须双脚在猪舍门口的脚踏消毒盆内消毒后方能进入。但很不幸的是，该饲养员因为拉料车进猪舍确实忘记在脚踏消毒盆内消毒，结果将病毒通过未消毒的鞋底带入猪舍，直接导致该舍猪发病。但若猪场老板能在舍门口沿走道向内 1.5 ～ 2 米建脚踏消毒通道，内盛 3% 烧碱水，以替代舍门口脚踏消毒盆，迫使饲养员进舍时必须穿胶鞋从该消毒通道中趟过，还能发生上述问题吗？

　　七、建立非瘟检测实验室，提前对非瘟开展预警工作，很有必要

　　非瘟看不见、摸不着，但它在我国确实存在，对发过非瘟的猪场无论如何消毒灭源都有可能清除不彻底。时不时的呈点发现象，随时都能给猪场造成损失，只不过损失有大有小而已。目前已有非瘟的检测手段，也积累了一定的识别经验，即发现只拱料不吃料的猪及相邻两舍的猪，立即进行采样检测，几个小时内即可确诊。根据检测结果采取相应防控措施，即可大幅降低损失。对正在发生非瘟的猪场来说，鉴于非瘟潜伏期 21 天左右，在发病后开展 4 ～ 5 次的连续检测，即可有效控制非瘟。

　　对养猪人来说，非瘟今后将在我国长期存在，因此防控非瘟要有打持久战的思想准备。对非瘟肆虐过的猪场，不论承认与否，非瘟都将存在，而且看不见、摸不着，令人防不胜防。所以，猪场老板在防控非瘟面前，还是要老老实实甘当小学生为好，切不可夜郎自大。

第3篇 导致猪场发生非瘟的
内外部因素分析

任何猪病发生和流行，都有其规律——早在 2006 年 4 月全国性高热病暴发之前，笔者就从猪蓝耳病的流行规律中，预测到我国将要发生一场大的流行猪病，就把它定名为无名高热病编入了 2006 年 8 月出版的《规模养猪精细管理及新型疫病防控技术》。之后我国真的在 2006 年夏季发生了本病。直到 2007 年 4 月，国家才将本病定名为猪高致病性蓝耳病。只有把疫病发生和流行的因素找准了，才能亡羊补牢，制定相应的防控对策，否则，就会无的放矢，造成更大损失。

第1章 导致猪场发生非瘟的外部因素

非瘟自然传播速度并不快，在俄罗斯，本病自然传播速度每年仅 100 公里。但进入我国后为何在短期内即传遍全国，其中原因令人深思。

第1节 被污染的运输车辆将非瘟传入猪场

2018 年 8 月非瘟进入我国东北后，那里的猪场就因害怕非瘟而发生恐慌，集中对外卖猪，直接导致东北地区的猪价大幅下跌，形成全国猪价绝对洼地。大批猪贩子和炒猪团到该处拉猪，把疫源地的猪拉到全国的同时，也把非瘟病毒带到全国。最明显的一例是东北的一辆拉猪车不远千里进入中原，直接将非瘟带进郑州某肉联厂。可见，严格管控拉猪车辆、不允许外来拉猪车接近猪场，是防范非瘟发生的关键环节。除此之外，对其他被病毒污染的车辆管控，也同等重要。

1.拉猪车：种猪车、大猪车、小猪车、淘汰种猪车、残次猪车、病死猪车（拉保险猪车）等。

2.拉料车：全价料车、预混料车、玉米车、豆粕车、麸皮车等。

3.本场去农贸市场的买菜车（三轮车）。

4.本场的小车、大车。

5.外来运送兽药、疫苗等的物流车。

6.外来的拉粪车等。

其中，外来拉猪车、拉料车、拉粪车最危险，是重要传播途径。

7.据调查，很多大型商品猪场、种猪场发病，其中一个关键因素是他们在频繁卖猪，甚至每天都在卖猪时，没有管控拉猪车及买猪人员。

（1）往返于种猪场与各猪场的外来拉猪车，直接进入猪场的装猪台——带来病毒（图3-1、图3-2）。

图 3-1　外来拉猪车　　　　　　　　　　图 3-2　外来拉猪车

（2）往返于屠宰厂与各猪场的外来拉猪车，直接进入猪场的装猪台——带来病毒（图3-3、图3-4）。

图 3-3　装猪人员在车内装猪　　　图 3-4　病毒随装猪人员上了装猪台，进入猪场

（3）在猪场间来回送玉米、豆粕、麸皮的当地饲料贩子的拉料车，直接进入猪场饲料库——带来病毒（图3-5、图3-6）。

图 3-5　拉料车

图 3-6　拉料车

（4）本场到外面集市场的买菜车（图 3-7）、拉病残及淘汰种猪车（图 3-8）、送药品、疫苗物流车（图 3-9）——都能感染病毒。

图 3-7　买菜车

图 3-8　运病残猪车

（5）猪场内部车辆外出（图 3-10），感染非瘟病毒。

图 3-9　快递车

图 3-10　小客车

第 2 节　使用被非瘟病毒污染的饲料，导致病从口入

目前，我国对非瘟病毒通过饲料传播的风险研究，报道的非常少。但本病可通过饲料传播，已被美国研究人员使用非瘟病毒格鲁吉亚 2007 株的研究结果所证实。分子研究显示，近年来中国和俄罗斯西伯利亚发生的非瘟病毒，在基因型上都与格鲁吉亚 2007 株类似。2013 年美国发生的流行性腹泻，被证实是病毒经由污染的饲料，通过饲料运输车跨界将该病毒运送到了生物安全等级较高的大型猪场之内。从猪流行性腹泻跨境传播的案例中，国外的养猪企业认识到饲料在传播疾病过程中扮演的风险角色，但目前我国很多养猪老板对饲料传播疫病的情况并未引起重视。

近来国外的研究证实，非瘟病毒可以在饲料原料中存活，例如传统豆粕、有机豆粕、豆油、豆饼、胆碱等，并且通过跨太平洋航运从东欧运送往美国。非瘟主要通过几个途径传播，包括肌肉注射传播、口鼻传播以及直接接触传播。

在我国，由于多数猪场的生产规模较小，而且为降低生产成本多使用自配料。这样，频繁往来于猪场与饲料原料供应商之间的拉料车，将可能受非瘟病毒污染的玉米、豆粕等饲料原料分散运送到各猪场，从而给猪场带来了潜在的风险。

2018 年 8 月非瘟开始在我国东北地区发生，一个月后黄河以北地区开始进入玉米收获季节。大量的新玉米被农民拉到大小公路旁边脱粒、晒干。在此过程中，大量的拉猪车从这些摊在地面上的玉米旁边甚至从上面经过，将车辆及病猪携带的非瘟病毒撒在了玉米上面，而这些玉米很快就被粮食贩子贩卖到猪场，从而给猪场带来了灭顶之灾。

还有一种可能，就是发生非瘟后的清空猪场，留下了大量的玉米、豆粕、麸皮、颗粒料等，为减少损失，一些无良的饲料贩子将这些剩料低价收购后再次卖给其他猪场，从而导致了这些猪场发病。

2019 年 10 月 16 日，在郑州召开的李曼养猪大会上，有国外专家专门对饲料传播非瘟问题作了专题报告；2019 年 2 月 22 日，在郑州召开的国际非瘟防控交流会上，河南牧原秦英林董事长就饲料被非瘟病毒污染问题再次做了专题报告——可惜，这些报告没有引起猪场老板的高度重视！有些人还甚至怀疑报告者是故意炒作这个话题。

一些大型养猪企业设备条件非常先进，有些猪场全部使用美式设备。这些设备先进、管理非常正规的特大型养猪企业集团在非瘟面前也未能幸免。他们自己在检讨、分析发生原因时，通过检测设备从自己采购原料加工的饲料中发现了非

瘟病毒。目前，这些企业大多使用了85℃、3分钟的高温制粒的饲料。

受非瘟污染的北方玉米，2018年第四季度开始上市，未经高温杀毒就进入猪场，通过自配料加工方式直接导致病从口入，成为2019年春节前北方地区普遍发生的直接原因（图3-11至图3-14）。

图 3-11　玉米晾晒

图 3-12　玉米运输

图 3-13　玉米预混料加工

图 3-14　玉米喂猪

第 3 节　人员管控不严格，将非瘟带入猪场

一是与猪场有业务往来的相关人员进入猪场，带来了非瘟病毒，尤其是外来拉猪的人员，随车直接到猪场的装猪台，在装猪过程中，这些外来装猪的人员不停地从车内上装猪台，再从装猪台将猪赶入车厢内的小隔间内，同时他们在装猪过程中，也与场内的赶猪人员发生了直接接触，将病毒传入了猪场。

二是猪场员工或驻场员工的家属外出回场，将疫病带回猪场。目前，虽然很多猪场都有一套内部人员出入场管理制度，但由于大家都是熟人、内部人，门卫就对这些人员入场管控制度的细节没有执行到位（有些制度形同虚设，执行流于形式），最终使这些外出的员工，在感染非瘟病毒后，将其带回了猪场。

（1）外来买猪（正常猪、淘汰猪、病残猪、死猪、种猪等）的人员进场挑猪验磅。

（2）保险公司人员进猪场验看保险猪。

（3）送玉米、豆粕、麸皮等原料的饲料贩子进入猪场仓库卸货、验货。

（4）本场人员及驻场家属外出回场（含去集贸市场买菜人员）。

（5）从疫区招来的饲养员进场，带来了病毒。

（6）饲料、售药、疫苗等与猪场有关的业务销售人员进入猪场。

（7）为猪场提供蔬菜、食品、食材的人员到猪场送货，与猪场人员发生接触等。

这些进场的猪场内外人员，没有经过严格洗澡、消毒、换衣、换鞋、在猪场隔离 48 小时等程序，直接把病毒带进猪场（图 3-15、图 3-16、图 3-17）。

图 3-15　猪场人员　　　　图 3-16　猪场人员　　　　图 3-17　猪场人员

第 4 节　携带病毒的外来猪只、物品及食材进入猪场

1. 含有病毒的猪肉制品等外来食品进入猪场（火腿肠、猪肉水饺、肉包子、大块肉、方便面等，如图 3-18、图 3-19）。

2. 从集贸市场、超市等地，购买的蔬菜、食品及食材携带的病毒，被带入了猪场。

3. 通过物流发到猪场的兽药、疫苗等，在运输环节或运输途中被污染，将病毒带入猪场。

4. 猪场外购的种猪、精液，将携带的病毒带入猪场。

5. 场外的饲料原料如玉米、豆粕、麸皮、氨基酸、多维等，在供应商采购或运输环节被污染，将病毒带入猪场。

图 3-18　肉制品　　　　　　　　图 3-19　肉制品

6.进场人员随身携带的物品如手机、电脑、眼镜、钱包等如被污染，可随人将病毒带入猪场。

上述各项中的猪及其产品、物、料入场，猪场除对引种、猪肉及产品进场比较重视外，其他各项几乎没有管控要求和措施，在非瘟的严峻形势下，也要注意对这些进场物、料，加强管控，以确保猪场安全。

第 5 节　传播媒介可传播非瘟

猪场常见的鸟类、老鼠、蚊蝇、野猫等传播媒介，在非瘟传播中起到了推波助澜的作用。这些传播媒介除可传播口蹄疫、传染性胃肠炎、伪狂犬、弓形体、附红细胞体等多种猪病外，也可传播非瘟，需要引起养猪老板的重视。

一、老鼠

猪场的老鼠可以传播多种疾病（如钩端螺旋体病、旋毛虫病、弓形虫病、丹毒、猪痢疾），可以通过粪便、脚、皮毛、尿液、唾液或血液传播病原，例如老鼠穿过污染的粪便，可污染几百米以外健康猪的食物和水。场内存在大群老鼠意味着大量的饲料浪费，一只老鼠每周可以吃掉 1 千克饲料，同时污染 10 倍量的饲料。此外，老鼠会长途迁徙，无论对场内还是场外生物安全而言都是巨大的风险。

老鼠还会啃咬电线绝缘层造成短路，引起火灾，危害巨大，因此所有猪场都应该有自己的灭鼠和防鼠方案，在仓库及栋舍区域寻找可能的鼠洞出口并放置诱饵，以达到防鼠灭鼠的目的。

非瘟发生后，很多猪场开始在猪舍周围通过安装光滑的防鼠板来控制老鼠进入猪舍，效果很好。

二、鸟类

麻雀、喜鹊、鸽子等时常会进入饲料储存仓库、猪舍等地方，通常会导致饲料或水的污染，进而将疾病传播给猪。例如传染性胃肠炎（TGE）就已经被证实可以通过鸟机械性传播，禽结核也是一种常见的由鸟类传播给猪的疾病，猪流感与禽流感有关，这些都会给猪场造成严重的经济损失。

非瘟发生后，很多猪场开始在猪舍通过安装防鸟网的措施来控制鸟类进入猪舍，效果很好。

三、寄生虫

包括苍蝇、螨虫、蚊子、虱子、蠕虫等，所有猪场都要控制体内和体外寄生虫，所有引进的后备猪，除非来自无寄生虫的猪场，否则应该间隔 2 周进行体内和体外驱虫。每个季度对各生产区的粪便进行体内寄生虫监测，根据监测结果进一步完善驱虫方案，还要注意有效防止蚊蝇，蚊蝇和螨虫的叮咬会降低屠宰价值。

四、狗和猫

狗可以传播钩端螺旋体，如果它们可以来往于不同的猪场还存在很大的生物安全风险。弓形虫是一种原生动物寄生虫，存在于多种温血动物肌肉和组织中（包括人和猪）。猫是弓形虫完成整个生命周期的唯一宿主，也是唯一可以通过粪便向外界排出有抵抗力和传染性虫卵的宿主。猫感染后 3 ～ 10 天，每天可以排出 1 000 万颗虫卵。

猪只通过污染的水、土壤或者其他啮齿动物、野生动物等摄入虫卵而受到感染。因为只要一个虫卵就可以引起猪只的感染，因此，必须加强防范猪只接触到污染物。管理因素风险分析表明，猪只弓形虫的感染率与携带弓形虫的猫和老鼠直接有关。

五、野猪

野猪能携带至少 30 种细菌和病毒病原菌，以及至少 37 种能感染人、宠物、牲畜或野生动物的寄生虫，是生猪最大的风险之一。

第 6 节　被非瘟污染的雨水及水源传播了非瘟

目前，我国对非瘟病毒通过饮水传播的风险研究，报道的非常少。美国学者的研究结果表明，非瘟病毒（格鲁吉亚 2007 株）在通过自然饮水过程中，可以使感染的猪只发病。

罗马尼亚（2018）报道了一个大型生物安全等级较高的、14 万头种猪场发生非瘟，原因竟然是非瘟病毒经由附近污染的河流进入了该场。可见，被非瘟病毒污染的水也可传播本病（刘羽茜、黄律 译，2018）。

目前，我国多数猪场对怀孕母猪多采用大通间、限位栏饲养。整列的母猪使用一个通槽饮水。一些发生非瘟的猪场教训表明，在使用通槽饮水的情况下，只要其中的一头母猪发生非瘟，使用该通槽饮水的母猪多不能幸免，说明了非瘟病毒可通过饮水传播的事实。

2019年7—8月，非瘟在我国的长江中下游地区发生，一个重要的原因是该地区此时正处于夏季的主汛期，阴雨连绵的暴雨，使雨水泥浆本身就不利于猪场的清洗和消毒。研究已表明，非瘟病毒在水中不但能存活，而且在水游生物中存活时间较长，且能随水流传播。流行病学有个重要规律：重大洪灾后会发生重大疫情。非瘟病毒生存力强，传染快，死亡率高，一旦遇上洪水，必将加速非瘟疫情的传播。所以，无论哪个地方只要有雨季，特别是洪灾，都有可能引发非瘟疫情的高峰。这一点需要引起养猪老板的重视。

经常开展对猪场水源的检测、采取措施防止雨季汛期的场外雨水及场内积存的雨水进入猪舍，是防止非瘟通过水传播的重要措施。

第2章　导致猪场发生非瘟的内部因素

猪场要发生传染病，必须具备有传染源、传播途径和易感猪群三个基本条件。但只要掐断其中的一个条件，传染病就不会发生，对非瘟的防控也是如此。我们已经认识到，非瘟主要是通过接触传播。由于非瘟没有疫苗可以预防，对没有发生非瘟的猪场来说，阻断、阻断、再阻断就成为关键的防范措施；对已经发生过非瘟的猪场，除了要切断传播途径予以阻断外，还要做的就是消灭场内残存的非瘟病原，内防扩散。当下我们面对的非瘟病毒，肉眼不能直接观察，如果不进行系统的检测，确实不知道猪场的非瘟病毒到底在哪里藏着，这样就大大增加了复养场的防控难度。

第1节　猪场布局不合理及存在的不当操作

对发生过非瘟的猪场，他们已经领教到了非瘟的厉害，轻者留下少许猪（经过非瘟洗礼过的猪场，如果防控措施得力，一般会保留下三分之一左右的存栏猪），重者全部清空，给猪场造成了巨大损失。对没有经济实力的猪场来说，可能就会丧失再复养能力。

非瘟在猪场发生过后，很多猪场老板痛定思痛，投巨资升级了生物安全管理体系，如建洗—消—烘中心、中转卖猪站、中转物料中心，人员进入猪场采用两次洗澡消毒等措施，目的就是为了将非瘟堵在猪场大门之外，这些都是看得见、实实在在的防范措施。但在猪场"内防扩散"方面却没有下大力气进行有效管控，从而导致复养后的猪群再次发病，仍旧造成了很大损失。一些复养猪场在遭受非瘟二次打击后，耗尽了经济实力，没有了第二次再复养的能力。

在防控非瘟方面，没有发生非瘟的猪场，应全力做好"外防输入"工作；对已发生过非瘟的猪场，不但要做到"外防输入"，还要努力做到"内防扩散"。在这方面，国家防控新冠肺炎措施值得借鉴。

一、饲养人员进入猪栏内作业

比如进入猪栏内清理粪便，本身出于清洁的目的，是积极的工作表现，但在猪场非瘟流行时，进出猪栏就会把病毒由猪栏外带到猪栏内、由一个猪栏带到另外一个猪栏，这其中的人、鞋、服装、铁铲、扫帚等就成了传播媒介（图 3-20）。

图 3-20　清洁　　　　　　　　图 3-21　人员串舍

二、人员串舍增加了交叉感染

很多猪场为稳定员工队伍，多采取夫妻养猪的模式。这种用工方式在生产正常的情况下确实有其优势，但在发生重大疫情的情况下弊端也很严重，即夫妻两人分别饲养几栋猪甚至是不同类型的猪群，他们在生产区各自工作，吃住在一起，就会大大增加接触交叉感染的机率（图 3-21）。据了解，一些猪场发生非瘟后难以得到有效控制，与夫妻养猪有很大关系。

三、饲料的重复利用

有不少的猪场，特别是育肥猪实行的是自由采食，料槽内饲料满满的，当清除一栏猪后，料槽内的饲料往往被饲养员分给邻近的猪栏。其实，看不见的非瘟病毒就在这饲料中，本来是节约饲料的行为，反而传播了病毒（图 3-22、图 3-23）。

图 3-22　自由采食　　　　　　图 3-23　猪槽内的剩余饲料

四、生产区员工在生产区开小灶，增加了疫病传播机率

一些猪场老板为方便员工饮食，允许员工在生产区内开小灶做饭。从人性管理方面可以理解，但从疫病防控方面看弊端很多。一是从外面购进的食材如果管控不严格，非瘟病毒就可随这些食材直接进入生产区；二是员工在生产区空地自己种菜，使用的都是猪粪（图3-24），如果这些猪粪没有经过消毒后使用，员工去菜地摘菜时（图3-25），如果脚采在菜地的猪粪上，然后回生产区做饭，就会将粪便中的病毒扩散，非常危险。

图3-24　种菜用的猪粪

图3-25　员工到菜地摘菜

五、生产区出入口未设消毒池，增加了交叉传播疫病的机会

很多猪场老板对猪场大门口的消毒防范措施非常严格，但在生产区与料房、粪场、病死猪处理区装猪台等连接口处，没有设置消毒池，导致生产区内人和车辆出入这些地方时不能消毒，从而增加了交叉感染的几率（图3-26、图3-27）。

图3-26　料房门口设消毒池

图3-27　粪场门口设消毒池

六、员工在生产区内长期居住，增加了接触感染的机会

一些猪场为了猪群管理方便及防盗，允许生产区人员长期在生产区居

住。这种做法的弊端有三：一是员工工作之余很容易聚在一起，增加了接触感染的机会；二是员工吃住在生产区，生产区门口的洗澡消毒间就形同虚设，员工的工作服、鞋及用品长期不能清洗消毒，成为了传染源；三是员工生产区宿舍长期不便消毒，而且距猪舍很近（有些猪场设计时，就在猪舍的一端留有员工宿舍），员工工作中间不断回住室休息等，直接使住处成为猪场的疫源地。调查发现，很多猪场非常重视生产区内的消毒工作，但很少对生产区员工的住室消过毒，从而使之成为猪场消毒过程中的灯下黑（图 3-28、图 3-29）。

图 3-28　生产区员工宿舍　　　　图 3-29　员工宿舍位于猪舍一端

七、拔牙不狠心，留下疫情隐患

据了解，一些猪场在对非瘟病猪"拔牙"时，不能做到"心狠手辣"，对那些没有表现临床症状的同群猪没有处理，总是期望这群猪中能保留一部分，结果事与愿违。今天拔一头，明天拔几头，不断地拔，不断地发生，继而整栋猪都发生了，最后把整个猪场的猪都清空了。所以，目前流行精准"拔牙"的"栏杀"、"栋杀"等措施应该坚决执行。

鉴于非瘟病毒是接触传播，而且传播速度不快的特点，应在发现猪舍内有猪出现拱料不吃、未表现临床症状之前，就应该将其及同栏猪果断快速处置，同时对整舍的其他猪只进行非瘟检测，对结果呈阳性者及其同群猪立即进行无害化处理，这是保全猪场的快速、有效措施。

八、怀孕舍的通用水槽不隔断，病猪唾液中含有的病毒可通过通槽饮水快速传播，控制起来非常困难

目前，多数猪场的通用饲槽是喂料和饮水两用（图 3-30），如果没有非瘟，使用该槽确实方便。但对非瘟这个高度接触性传染病来说，再使用通用槽对猪进行饲喂、饮水就不适宜了。因为病毒可通过这样的槽饮水，能快速传播（图 3-31），从而"火烧连营"。所以，应将其按 3～5 头猪为一组，组与组之间用砖和水泥隔断即可（图 3-32、图 3-33）。

图 3-30　通用饮水槽

图 3-31　非瘟可通过饮水传播

图 3-32　一猪一槽

图 3-33　三猪一槽

九、冬季保温不力，诱发了猪病发生

实践证明，非瘟最易攻击母猪，尤其是怀孕母猪。然而，多年来的养猪事实表明，很多猪场老板对产房、保育舍保温非常重视，忽视了对怀孕母猪的保温。结果，在秋冬季节变换、昼夜温差较大的情况下，一些猪场开始陆续发生流感，继而诱发非瘟，造成了很大损失（图 3-34、图 3-35）。

图 3-34　温度低，猪扎堆

图 3-35　温度适宜猪躺卧均匀

现代高密度养猪的条件下，环境温度成为制约养猪成功的关键因素。谁把握住了温度，谁就把握住了养猪的利润。所以，做好防寒保暖工作是猪场日常管理的工作重点。在严寒的冬季，如果防寒保暖措施不力，正常的猪场都难以饲养，何况非瘟不稳定场。

十、猪场车辆外出回场后随意停放，可能带来疫病隐患

实践证明，车辆是导致非瘟传播的重要因素。很多猪场对外来车辆的管控非常严格，但对本场自己的车忽视了管理，尤其是老板自己的车，有些简单用消毒药喷一下就直接开进生活区，而且停车非常随意（猪场生活区院子较大），这样就有可能将病原带到猪场。

正确的做法应该是内部回场车辆在指定地点消毒后，在指定的偏僻位置停放，不能停放在大门口（图 3-36、图 3-37）。

图 3-36　车不能停放在场门口

图 3-37　车应停在指定位置

十一、员工进生产区不洗澡消毒，非常危险

寒冷的冬季，北方猪场天寒地冻，生产区门口洗澡消毒温度偏低，导致生产区员工不愿意进场洗澡消毒，尤其是一些年龄偏大的员工嫌麻烦更不愿意洗澡，生产区管理人员为防止员工因洗澡发生感冒，对员工进生产区洗澡消毒问题也没有严格执行，直接导致猪场非常关键的一道防线形同虚设。如果员工因此将非瘟病毒带进猪舍，哭都来不及了。猪场老板要向员工讲明洗澡消毒的重要性，要将洗澡间整理的干干净净、温度适宜（图 3-38、图 3-39），使洗澡消毒成为员工的自觉行动。

图 3-38　员工进生产区须洗澡消毒

图 3-39　员工须穿生产区工作服和胶鞋进生产区

十二、使用自配料，带来了疫病风险

非瘟病毒可通过饲料原料传播已经被证实。一些猪场为防控病毒传播继续使用自己采购玉米、豆粕、麸皮等饲料原料，自己加工饲料的做法，非常危险。一是饲料原料带毒；二是这些运送饲料原料的车从这个场到那个场，很容易发生交叉感染；三是如果饲料贩子不讲信用，将非瘟清空场没有用完的玉米等原料，贩卖到猪场，更是可怕。所以，猪场最好使用一家经85℃、3分钟高温制粒的饲料，饲料来源渠道越少，猪场越安全，现在可不是想方设法降低饲料成本的时机，保全猪场先活下来才是最重要的。

十三、不注重对母猪群的营养管理，导致母猪膘情差，降低了对疫病的抵抗力

多年来，很多猪场老板认为怀孕母猪没有什么可养的，因而忽视了对怀孕母猪的营养管理，甚至使用营养水平较差的饲料喂怀孕母猪，导致母猪膘情差（图3-40、图3-41），大大降低了对疫病的抵抗力。这也是非瘟容易攻击怀孕母猪的重要因素。

图3-40　断奶母猪膘情差　　　　　图3-41　怀孕母猪膘情差

十四、没有设置病猪处理专用走道，健康猪与病猪都走同一个赶猪道去装猪台，容易发生交叉感染，病猪走一路，病毒就"播撒"一路（图3-42）

常常可以看到，一些猪场在处理病猪时，猪在前面走，几个人在后面赶猪。病猪一路拉屎拉尿，后面赶猪人的鞋已经踩上，如果赶猪人员消毒不严格，赶猪结束后直接返回猪舍，结果就可想而知了。

猪场应该建立非健康猪的专用处理通道（图3-43至图3-45），以免这些猪在处理过程中散毒。如果没有这个条件，可制作一个活动的简易装猪台（图3-43），直接对着舍门口，将猪赶到内部车上拉出去，然后对装猪场地及运猪车经过的道路进行消毒即可。

图 3-42　猪场无病猪处理专用道

图 3-43　猪场内部活动的简易装猪台

图 3-44　健康猪销售通道

图 3-45　非健康猪专用处理通道

十五、清空后的非瘟猪舍虽然也进行了消毒，但舍内是否还有非瘟病毒存在，不得而知

一些猪场仅凭感觉、不经过非瘟严格检测就重新进猪，结果发生重新感染，从而造成了损失，原来已经消毒的猪舍被重新污染。所以，对非瘟清空、消毒后的猪舍，一定要在封闭前进行检测（图 3-46、图 3-47），确实安全再行封闭，而且在重新进猪前一定要再次检测，以确保绝对安全。

图 3-46　地面采样

图 3-47　下水道采样

十六、对非瘟发生后没有临床症状的孕猪，未经检测就直接上了产房，结果带毒母猪到产房后发病，给产房带来了灭顶之灾

十七、非瘟清空猪舍消毒后，因急于复养或没有其他空舍等原因，在空栏时间不足的情况下，未经检测就装猪，结果重新发病

猪舍清空消毒后空栏干燥的过程，就是消毒药物杀灭病原微生物的过程，干燥空栏时间越长，杀灭病原微生物的效果越好，灭源越彻底。对非瘟病毒来说更应该如此。一般情况下要空栏干燥 3 个月以上，如果经严格环境检测在猪舍内没有非瘟病毒残留，空栏一个月以上也可重新上猪。否则将前功尽弃，得不偿失。

十八、未对兽药、疫苗进入生产区进行严格把控，从而带来了疫情隐患

常常可以看到，当一些兽药、疫苗到猪场时，都是带外包装在猪场大门口进行所谓的臭氧消毒，这种做法没有错，也是必须做的。但应该将外包装撤除后再进行消毒比较好。因为我们不知道这些兽药和疫苗在运输过程中是否被感染。如果是一些无良经销商把发病场的兽药、疫苗等回收后再转移到别的猪场销售，那可就是隐患。所以，对进入猪场的所有物品，其外包装不能进入猪场。

十九、其他的危险因素

技术员到不同猪舍开展人工采精、查情、配种、辅助分娩、注射、巡视等猪场工作时，没有换工作服和鞋，从而导致串舍感染；加强了空气的流动，对病猪舍或不稳定猪舍内使用大功率风机换气，促进非瘟病毒的空气传播几率；人和物在猪场内频繁移动时，没有严格按要求消毒；错误的消毒（不注意消毒的有效性、时间持续性等）。

以上几乎都是平常正常的生产活动，习以为常了，没有不妥的，谁知道，在猪场非瘟流行时，这些习惯的动作无意中竟然成为猪场传播非瘟病毒的"帮凶"，从而给猪场造成了损失。

二十、高价位下舍不得淘汰病、弱、残猪，留下了疫情隐患

1. 病猪（图 3-48）

本身带有病原，是非常危险的传染源，尤其是患烈性传染病的病猪更加危险。发生一般猪病的猪，由于不是传染病可以将其隔离出健康猪群，然后按疗程对症治疗，对发生非瘟、口蹄疫的猪，要立即处死作无害化处理，否则将会后患无穷。

2. 弱猪

弱猪即生长发育不良、体质瘦弱的猪。这些猪本身没有病，但抗病力差，遇到口蹄疫、非瘟病毒的侵袭就容易感染，病毒在猪体内不断增值到一定程度时就会导致发病，从而以强毒的形式去传染其他健康猪群，对猪场造成大的危害。

3. 残猪（图 3-49）

这类猪虽不是传染病猪但不健康、带有体外伤。这些外伤在寒冷季节不易愈合，会导致猪只的免疫力和抗病力下降，从而给环境中存在的病毒提供了感染的机会，导致猪群发病。

图 3-48　病猪要立即处理

图 3-49　残猪要立即处理

二十一、消毒灭源不彻底，留下了疫情隐患

生产中常常可以看到，一些猪场发生非瘟后，对清空猪场的猪舍、圈栏、食槽、设备、排水沟等处，没有严格按清污、清洗、烧碱浸泡消毒、火焰烘干消毒、3% 烧碱水 +20% 石灰水白化的程序，开展消毒灭源工作，而是图省事、怕麻烦、走过场，随意删减消毒程序，导致消毒灭源不彻底，留下疫情隐患（图 3-50 至图 3-53），使所谓清空消毒过的猪舍进猪后，再次发生问题，造成不应有的损失。

图 3-50　消毒后的下水道残留粪便

图 3-51　消毒后的外粪沟残留粪便

图 3-52　消毒后舍内墙角残留粪便

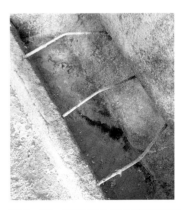

图 3-53　消毒后食槽内残留粪便

二十二、未对生活区、生产区环境进行全覆盖消毒，直接留下安全隐患

对猪场环境进行全覆盖消毒，就是把病毒消灭固定在原位置，不让病毒"动"起来。包括：猪场内外、猪舍内外，一切猪不能接触的地面，也就是除"猪栏、限位栏、产床"以外的任何地方。

生产中我们看到，很多猪场对生活区各处、生产区猪舍内部、道路、排污道等处的消毒比较重视，但对生产区的空地很少开展消毒。因为不少猪场猪舍前后的空地，允许员工使用未处理的猪粪种菜（图 3-54、图 3-55）、种庄稼，在非瘟的严峻形势下，该做法非常危险，留下极大安全隐患。应将猪舍前后空地杂草清理干净，防止老鼠、鸟类躲藏及夏季滋生蚊蝇（图 3-56、图 3-57）。

图 3-54　猪粪种菜

图 3-55　猪粪种菜

图 3-56　猪舍前后干净的空地

图 3-57　对猪舍前后空地消毒

非瘟病毒，我们肉眼无法直接观察到，也很难通过检测确定这些环境或者某个位置点有非瘟病毒存在，怎么办？用石灰粉覆盖（北方干燥用熟石灰、南方潮湿用生石灰），即"白化"处理，厚度 3 ～ 5 毫米。

石灰粉能使环境保持持续干燥，因为非瘟病毒怕"干燥"；石灰粉能使环境保持持续消毒，可以说 24 小时持续有效，很多消毒剂做不到；封存病毒于原位置，在非瘟病毒与传播媒介之间建立起阻隔带，减少病毒随传播媒介的移动而传播、传染。

非瘟是一个高度接触性传染病，从这个角度去看，非瘟就是一个管理型疾病，养猪一线人员能否严格、认真执行相关防范措施，则直接关系到抗非成败。

第 2 节　母猪抵抗力低下，成为非瘟首要攻击目标

非瘟已给我国养猪业造成了重大损失。从各地的非瘟案例总结来看，母猪优先感染的发病率比较高，尤其是怀孕母猪。非瘟首先侵害母猪的事实表明，母猪抗病力在所有猪群中是最差的。

一、母猪为何首先成为非瘟的攻击目标

（一）母猪机体自身亏损

母猪常年处在配种—怀孕—分娩—哺乳的高强度繁殖生产中，机体自身营养渐进性损耗，而外源性营养又存在供给不足、不均衡等问题，最后导致机体损耗严重，气血两亏，抵抗力下降。

（二）毒素蓄积

这里所说的毒素包括药物、霉菌、内毒素等外源性、内源性的各类毒素。母猪饲养周期长，少则 2 年，多则 3 ～ 4 年，各类毒素长时间蓄积机体，又加上母猪便秘问题存在，就会进一步加重母猪的毒素蓄积程度，最终导致母猪机体代谢障碍，甚至出现中毒。值得注意的是，目前一些猪场对母猪群长期采取加药"保健"的做法，实不可取！可能人为造成毒素在母猪体内的蓄积，危害较大。

（三）免疫功能低下

当体内存在毒素蓄积的时候，肝脏解毒功能和肾脏排泄功能受累。肝肾功能损伤，体内毒素蓄积进一步加重，最终导致机体免疫功能下降。

（四）营养水平不足

目前的多数猪场对母猪采取限位栏饲养，长期在禁闭栏饲养的母猪缺乏运动，或采食不足，营养水平低下，因而易感个体发病率更高。很多猪场（尤其是技术力量强的养猪企业）为降低饲养成本，已经把营养调控到了极限，刚好满足生产需要。营养不富余，在正常生产条件下不会出现太大问题，一旦遇到季节变换、天气突变、高温或严寒、外来疫病的侵袭等风吹草动时，问题就发生了。

目前多数猪场的母猪品种主要以引进外来品种为主，尤其是近年来进口加系、法系等高产种猪的比例增加，对高产、体型大、能长到140千克重的猪越来越青睐。但在追求高产能的背后，却忽视了母猪的营养问题。营养不足导致的抗病力下降无疑给非瘟发生提供了可乘之机。

（五）人员与母猪频繁接触，增加了母猪的感染几率

对母猪的查情、配种、免疫、清扫、猪舍转换、接产、产后消炎、哺乳期常规护理和免疫、断奶转舍等一系列操作，无疑增大了人同母猪接触的频率和时间。由于非瘟主要通过接触传播，如果母猪感染非瘟，人员就是最主要传染因素。

猪场员工不可能同外界完全断绝来往，其进出猪场的次数越多，把非瘟带入猪场的比率就越高，即使猪场有严格、健全的人员消毒措施，也不可能达到100%，只要人员同外界有交往，这种风险就会持续存在。由于人员同母猪接触的频率和时间远远高于其他猪群，因此猪场一旦感染，首先是母猪先发病。

（六）定位栏饲养，使用通用饮水槽，导致非瘟"火烧连营"

很多猪场为节约占地面积，通常对怀孕母猪采取定栏定位饲养，为管理方便通常采用通槽饲喂和饮水，头部空间更是在 $0.15 \sim 0.2$ 平方米的有限范围内。这样就会导致母猪被动传染的风险很高！假若饲养人员从外面携带来的非瘟病原污染物跌落在猪头活动的 $0.15 \sim 0.2$ 平方米范围内，母猪只能被动接受，一头母猪感染后，通过口鼻等排泄物，可以让两侧的母猪持续被动感染，直至发病，这些发病的母猪可通过通用饮水槽将病毒快速传播，从而导致"火烧连营"。这也是母猪多发的一个原因。

（七）母猪长期在定位栏内饲养，缺乏运动，导致抵抗力低下

母猪长期在怀孕舍和产房内定位栏饲养，常年缺乏运动可造成母猪长期处于亚健康状态，直接影响就是免疫力低于其他猪群。抗病力下降会增加母猪感染非瘟的风险。

（八）忽视对母猪尤其是怀孕母猪的良好管理，使猪场付出了大的代价

通常，很多猪场是不重视怀孕母猪管理的。使用低营养水平饲料甚至用低劣饲料喂怀孕母猪，夏季酷热、冬季寒冷的孕猪生存环境，在猪场屡见不鲜。因为很多猪场老板认为孕猪没有什么好养的，因此常常让素质低、技术水平差的员工去饲养孕猪。在非瘟的环境下，上述对待怀孕母猪的管理态度，常常使猪场老板付出了血的代价。

非瘟来势汹汹，且无疫苗可防。除了为猪群提供适宜生活环境、做好其他疫病的免疫、少用抗生素、提供全价营养，提高猪群免疫抵抗力、不做易感猪群之外，还要做好生物安全管控措施，把各项细节落实到位，才能保障猪场平安。

第 3 节　未对类似非瘟临床症状的猪病予以高度重视

非瘟在我国发生一年后，在同样的季节、同一时间节点发生了一些类似非瘟临床症状的猪病，这些猪病与非瘟搅和在一起，在一时治疗无效的情况下，很多猪场就将其按非瘟处理了，造成了较大损失。事后流行病学调查结果表明，这些被处理的猪相当部分并不是非瘟。这些与非瘟有类似临床表现的猪病可能是下列猪病，在实际疫病防控实践中应予以鉴别诊断，否则都按非瘟处置太可惜了。

一、猪无名高热病

通过对发病猪场的死亡病例进行实验室检测，研究人员发现，出现症状的猪群或死亡的猪只，并不是被单一的病毒或细菌感染，而是由多种病毒和细菌混合感染所致。病原包括猪瘟、蓝耳病、猪流感、伪狂犬、猪圆环病毒等。这些猪病发生后，常混合感染多种细菌、支原体和弓形体等，导致疾病情况比较复杂。当只是针对其中的一部分疾病进行防治时，效果不明显或没有效果，使养猪生产蒙受巨大损失，尤其是在非瘟常态化的情况下。

猪之所以会发生无名高热的原因如下：

（1）免疫抑制性疾病的存在。猪的免疫抑制性疾病包括猪圆环病毒病、猪伪狂犬、猪蓝耳病、猪流感等。猪感染这些猪病后，免疫系统遭到破坏，很容易继发其他细菌性疾病，给疫病控制带来了很大难度。

（2）滥用抗生素，造成猪肝肾损伤，破坏猪免疫系统，也是引发"猪无名高热"的原因之一。饲料中长期添加抗生素，会造成很多病菌对抗生素产生耐药性，从而形成很多超级细菌，一旦发病，抗生素便无力回天。因此滥用抗生素常被人们称为"猪无名高热"的元凶。

（3）霉菌毒素也是猪无名高热的主要原因之一。霉菌毒素的危害是对免疫系统的破坏及对免疫应答的强烈抑制。长此以往，猪群处于一种亚健康状态，对多种病毒性和细菌性传染病都没有抵抗力，很容易成为"无名高热"目标。

（4）严重的环境应激可诱发猪的"无名高热"。在夏季持续的高温应激或冬季持续降温中，猪体热平衡被破坏，抵抗力下降，易引发"猪无名高热"。

二、类似的猪流感病

2019 年 10—11 月，河南等北方省份的一些猪场，出现了初期猪群疑似流感症状，传统预防及治疗方案效果不佳，导致的发病率和死亡率都很高，给猪场造成了很大损失。这种情况发生后，多数猪场老板认为是流感而没有引起足够重视。其中以中大育肥猪、头胎母猪、怀孕后期的重胎母猪最易出现。初期症状偶见个别出现流清水鼻涕、咳嗽但不发热、食欲尚可、体温多在 39.5 ℃左右徘徊，轻微咳喘或者个别猪有呕吐（黏液）症状，耳尖、后臀呈发红、发绀现象。传统预防和防控方案无效，特别是按照传统流感注射给药之后，会出现低温及拒食现象，注射的次数越多，死亡越高。出现的类似症状，持续周期较长，一个月以上甚至更久的比比皆是，如按传统思路去防控，伤亡率不降反升。一个共性的特征就是：应激越大，伤亡越大，注射治疗的次数越多，伤亡率越大。相对稳定的一些猪场，母猪刚开始会出现耳部发红、发紫，如果乱用药物会更严重。这种情况是否是非瘟耐过猪群受到冷应激后，又以新的症状出现，或者是与其他疾病伴随出现，不得而知。

一些非瘟复养场发生上述情况后，从有效处理的情况来看，避免大的应激、避免频繁注射给药、做好基础的防寒保暖及营养调控工作，给予健脾胃、补气血、调肝肾的方案支持，具有不错的实效。

三、季节变换时易发生的猪流感

猪流行性感冒是由猪流行性感冒病毒引起的一种急性、高度接触性的呼吸道传染病。该病发病急、传播迅速，往往突然发生，并很快传染整个猪群，发病率高达 100%，死亡率低。发病后易继发其他病原感染。该病是人畜共患传染病，流行期间，应尽量避免病毒扩散，同时注意做好饲养人员和兽医人员的防护工作。

猪流感多发于气温变换不定、昼夜温差较大的季节。病程一般一周左右。病猪、隐性感染猪和慢性带毒猪是该病的传染源，病毒存在于患猪的鼻液、气管和支气管渗出液及肺部淋巴结中，主要通过呼吸道传播。各种年龄、品种、性别的猪均易感染，发病率高，死亡率低。传播极快，通常 2～3 天就可传遍整个猪群，若继发或混合感染猪胸膜肺炎放线杆菌、巴氏杆菌、链球菌等，则后果严重，会给养猪业造成较大经济损失。

感染该病后，全群猪在 2～3 天内同时发病，体温升高到 40～41℃，严重时高达 42℃。临床症状为精神沉郁，食欲下降甚至废绝；卧地不起，不愿走动，强迫其行走时往往跛行；呼吸困难，呈腹式呼吸，阵发性咳嗽，从口、眼、鼻流出黏液性脓性分泌物，分泌物中常有血，眼结膜潮红，病猪生长停滞；怀孕母猪后期常发生流产。

猪流感可引起猪的免疫力下降，导致其他猪病的继发，从而给猪场造成大的损失。因此，在非瘟状态下，猪场老板要对本病的防范给予高度重视。

四、传染性胸膜肺炎

猪传染性胸膜肺炎是猪场常发的呼吸道传染病，急性胸膜肺炎的死亡率很高，如果没有及时发现、及时治疗，会造成大面积感染，甚至死亡。

该病的传染性非常强，以呈现胸膜肺炎症状和病变为特征。不同年龄的猪均有易感性，以 4～5 月龄猪发病死亡较多，病猪和带菌猪是本病的传染源，病原主要存在于呼吸道黏膜，通过空气飞沫传播，在大群集约化饲养的条件下最易接触感染。初次发病猪群的发病率和病死率均较高，经过一段时间，发病率和死亡率显著下降，但隔一段时间后又可能暴发流行，发病率在 8.5% ～ 100%，死亡率在 0.4% ～ 100%，猪群受到严重应激时，可促进本病的发生。

临床症状：急性病猪开始体温高至 41.5℃ 以上，沉郁，不食，继而呼吸困难，张口呼吸，常站立或呈犬坐姿势，口鼻流出泡沫样分泌物，耳、鼻及四肢皮肤呈蓝紫色，如不及时治疗，常于 1 ～ 2 天内窒息死亡。若开始症状缓和，能度过 4 天以上，则可逐渐康复或转为慢性，此时病猪体温不高，发生间歇性咳嗽，生长迟缓，很多猪开始即呈慢性经过，症状轻微。

传染性病有很多类似之处，如果没有分清楚就盲目治疗，只会增加猪的死亡率，猪传染性胸膜肺炎发生突然死亡时的症状与非瘟突然死亡相似，应通过检测予以鉴别。

第 4 节　猪场管理混乱导致非瘟发生后无法控制

本节为农业农村部于康震副部长，在 2019 年 1 月 9 日召开的全国非瘟防控培训会议上的讲话摘录。于副部长在会上对黑龙江省明水县一个存栏 73 000 头猪的大型猪场发生非瘟后，得出的调查结论是："一个投资 7 亿多元的猪场，因'管理混乱不堪'在非瘟发生后而倒闭，令人震惊"。希望猪场老板引以为戒，改进猪场管理工作，防范非瘟发生。

……

最近的这起非洲猪瘟疫情，发生在一个存栏 7.3 万余头的规模化现代化大型猪场，疫情报告时已死亡 3 766 多头，前天已全部扑杀完毕。这是迄今为止最严重的一起非洲猪瘟疫情，不仅给养猪场自身造成了巨大的经济损失，并且给整个行业和社会公众带来了巨大的心理冲击！

……

黑龙江省的绥化市明水县就发生了一起非洲猪瘟疫情。这个疫情发生在一个中外合资的猪场，存栏生猪 73 000 头，疫情报告时，已经死亡了 3 766 头。

经过我们初步调查认为，这起疫情早在 2018 年 11 月下旬就已经发生了。现在已经排除了从泔水、饲料以及种猪、疫苗接种等途径传入疫情的可能性。我们通过综合分析，发现车辆和人员带毒，是此次疫情传入的源头，非洲猪瘟病毒是通过运输生猪车辆和有关饲养管理人员物理性的携带进入了养猪场。

那么，病毒侵入养猪场之后，在养猪场内如何通过多种途径进行了传播？到后期暴发式的生猪死亡，是什么原因呢？

一是场内转运车辆管理。出售生猪淘汰母猪、病死猪等都用同一批车辆进行，这些车辆在转运后并没有进行彻底消毒！带毒的车辆在保育舍和育肥舍之间频繁运输！保育舍和育肥舍是两个完全隔离的养殖区域，本来是很好的，可是就通过这些转运车辆，把它紧密地联系到了一起。

二是该场在 2019 年 12 月 10 日，对育肥舍进行了猪瘟疫苗注射，因为猪场发病了，相关人员天真地以为是猪瘟，所以赶快进行了猪瘟免疫紧急接种！更可气的是，在免疫的时候同舍或同圈的猪，一两千头猪啊，共用一个针头！用一个针头一打到底，疫情从疫苗接种以后就呈暴发式发生！还有，兽医和管理人员、饲养人员在诊疗、转群、免疫等各种活动中，在各个猪舍间来回往返，来回乱窜！

要是不调查的话，简直让人不敢相信！一个投资 7 亿多元，第一期养殖规模 73 000 头的中外合资的大型养猪场，会是这个样子！

我们归纳了一下，这个猪场是典型的三乱猪场，即管理乱！经营乱！防疫乱！

一是不结合中国的养殖实际，完全照搬国外的养殖模式。外方管理人员和中方技术人员对管理方式互不认同，难以达成统一思想。技术人员建议的有关免疫、饲养管理等方案，常常得不到外方的认可。我们查看了监控录像经常看到他们在吵架！

二是不重视疫病防控。作为一个投资近 7 亿元，拥有 7.3 万余头生猪的养殖企业，竟然只配了一名驻厂兽医，而这一名猪场兽医，还是在发病以后，在 12 月 11 日，刚刚入职的！一看不行了，赶快招聘了一个！

三是场内的车辆人员管控不严，彼此之间相互串舍。消毒和人员隔离制度形同虚设！各项防疫制度不健全，免疫操作经常使用一针一舍或一圈的情况！这是这个场的传统啊，还不是这一次，以前也这么干！场内病死动物无害化处理厂在没有验收的情况下就投入使用，还存在故意逃避检疫和监管的情况。整个防疫、管理、经营混乱不堪！

经过初步分析这个猪场至少存在以下违法违规的行为：

一是不按规定履行疫情报告义务。11 月下旬，死猪就明显增多，猪场没有进行疫情报告。12 月 25 日，这个场猪死得太多了，一天几百几百的死，猪场就自行委托相关的检测机构，检出了疑似非洲猪瘟的情况，但是直到 29 日，该猪场才向当地有关部门报告疫情。

二是故意逃避检疫。从 10 月初，该厂陆续有淘汰母猪未申报检疫就通过生猪经纪人进行外销，数量达到 578 头，货值 81 万元。

三是不接受当地兽医行政管理部门的监管。该场在日常生产过程当中，拒绝动物卫生监督机构工作人员进行监督检查和防疫检查。

对该场存在的其他问题，还在进一步的核查中。

这个例子非常典型，到现在为止是我国发生非洲猪瘟疫情规模最大的猪场，创造了全国纪录。对于这些知法犯法，触碰红线，导致疫情扩散蔓延的生产经营主体，我们的态度是明确的和一贯的，一经查实，我们将依法依规严肃惩处。

大家应该做什么？我有四点建议：

一要健全防疫制度。特别是两场，如果连一个健全科学的防疫制度都没有，这样的猪场，就像刚才黑龙江的那个例子一样，不发生疫情是侥幸，发生疫情是必然，迟早会发生疫情。所以，这项工作十分重要，而且是必须做的工作。

　　二要严格相关运输工具车辆的清洗消毒。目前来看，这种传播途径是最主要的，大家一定要想方设法把这一点落到实处。我还建议，特别是大型养猪场，负责人一定要亲眼看到入场和场内的车辆经过彻底清洗消毒。我要是养了几万头猪的话，要不亲眼看到车辆清洗消毒，我是不放心的，希望大家一定要把车辆清洗消毒落到实处。

　　三要严禁使用餐厨剩余物喂猪。规模猪场如果使用餐厨剩余物喂猪，风险非常大。提醒大家，自己场的员工携带或购买的食物剩余或自己场的餐厨剩余物也不能喂猪，具有感染或扩散非洲猪瘟病毒的风险。

　　四要规范养殖场的疫情排查和报告行为。这是我要重点强调的，做不到这一点就是违法！要加强人员培训，包括积极参加当地畜牧兽医相关部门组织的培训和各个养殖场自己请专家等方式组织的培训。很多人不知道或不认识这个病，这样会贻误时机，损失也会更加严重。在非洲猪瘟防控期间，猪只发现了异常，首先要进行非洲猪瘟的检测。一旦发现疑似疫情，一定要第一时间报告，不能故意隐瞒。

第4篇 猪场防控非瘟的实战技术

非瘟的最大流行特点是接触传播，只要把传播途径完全切断即可。因此，非瘟虽然厉害但不可怕。2003年发生的SARS，也没有疫苗可防，但本病能很快得到控制的原因就是快速切断了传播途径；2020年发生的新冠肺炎，国家采取的封城、封小区、封村断路、全国人民实行居家隔离的办法，也是为了快速切断传播途径——国家成功控制上述烈性传染病的措施，为猪场防控非瘟，提供了宝贵经验。

口蹄疫、蓝耳病等重大疫病是要猪场钱的，而非瘟则是要猪场命的！在要钱和保命面前哪个更重要？所以，猪场防控非瘟就是在保命！保命就要舍得投资，就要不惜代价全力以赴！同时，在防控非瘟措施、方案出台后，还要对管理层和员工进行培训，增强对非瘟危害的认识，提高执行力，否则，再完善的措施、方案，如果执行不到位，一切努力都白费！对非瘟防控效果的检验，没有差不多，只有满分和零分！实践证明，在防控非瘟方面，百分之一漏洞，就会造成百分之百的损失！所以，要千方百计管住车、控住人、管住物，使用高温料及控住鼠、猫、鸟等，确保猪场安全。

第1章 设立专岗——生物安全专员

大部分猪场都有一套生物安全管理制度，这些制度通常是写在纸上、挂在墙上、说在嘴上，很少落实到行动上。原因就是没有人去监督这些制度的落实。常常可以看到，很多猪场的管理制度形同虚设，从而导致猪场不断发生问题，甚至发生非瘟，给猪场带来了灭顶之灾。

在目前我国非瘟严重的新形势下，设立猪场生物安全专员一职，全面监督落实各项生物安全措施的实施，对确保猪场安全生产至关重要。所以，猪场老板一定要选思想觉悟高、工作责任心强、不怕得罪人的人来担任生物安全专员，要给予较高的工作待遇，要让其有职有权，即在生物安全措施执行方面具有一票否决权，任何人都不能例外（包括猪场老板）。因为他的责任重大，可以说是猪场的保护神。

一、生物安全专员管理制度

（一）猪场生物安全专员职责

1. 对入场人员/物料的登记及消毒。

2. 负责卖猪车冲洗、消毒、干燥流程的执行，并检查合格后监督装猪。

3. 负责饲料车冲洗、消毒、干燥流程的执行，并检查合格登记后监督卸料。

4. 负责病死猪的处理工作（生物坑/冰库）。

5. 负责外围环境消毒、灭蚊蝇、灭鼠工作。

6. 负责监督外围生物安全防控体系的执行（监督乱扔死猪和小动物活动及防控漏洞的补救）。

7. 负责猪场围墙外污水处理。

（二）洗消中心生物安全专员职责

1. 对洗消车辆进行登记。

2. 监督检查车辆冲洗是否合格。

3. 对车辆进行消毒、烘干等工作。

4. 监督前往猪场装猪车辆的洗消是否合格、司机是否洗澡更衣，颁发洗消合格证。

5. 对洗消中心环境消毒，灭蚊蝇、灭鼠工作。

二、猪场生物安全专员日常工作

（一）负责入场人员/物料的消毒并登记

1. 对送往猪场的蔬菜，使用二氧化氯浸泡消毒 30 分钟、紫外线＋臭氧消毒处理。

2. 所有物品外包装到猪场门卫处进行拆卸处理，由生物安全专员统一将外包装焚烧。

3. 常规物品电脑、手机、书本等，由生物安全专员放入门卫处的一级消毒间，使用臭氧熏蒸和紫外线照射 12 小时后，方可进入隔离区域。

4. 生物安全专员对大物件需进行喷雾消毒处理。

5. 指导、监督人员入场流程的执行，剪指甲洗澡，随身衣物消毒，准备进入猪场衣物。

（二）负责本场卖猪车冲洗、消毒、干燥流程的执行，检查合格后监督装猪

1. 卖猪车在场区外指定地点彻底清洗，静置 30 分钟。

2. 使用消毒水对卖猪车消毒，静置 30 分钟后开始操作。

3. 指导司机将车开至场内卖猪台，并监督司机全程不允许下车。

4. 卖猪前后，都要对卖猪台进行清洗消毒。

5. 卖猪过程中，指导赶猪人员按要求操作，不得越界。

（三）对饲料车在指定地点，执行清洗、消毒、干燥流程

1. 饲料车在场外指定地点彻底清洗，静置 30 分钟。

2. 使用消毒水对饲料车进行消毒，静置 30 分钟后开始操作。

3. 对车辆清洗消毒后，司机听从生物安全专员指挥，开至灌装料指定位置，与内部灌装饲料车进行转料。

4. 全程司机不允许下车，生物安全专员要登记车辆清洗消毒信息。

（四）负责病死猪的处理工作（生物坑/冰库）

1. 生产人员将病死猪放至集中点后通知生物安全专员，下班当天将病死猪运至生物坑/冰库处理，当天需处理完。

2. 场内拉病死猪车辆要专车专用，每次用完需对车辆、工具彻底清洗消毒、晾干，集中到猪场外围指定地点放置。

3. 负责冰库病死猪外运的监督执行、人员的安排、车辆的消毒。

4. 生物安全专员处理完死猪，必须对鞋和手（套）进行清洗消毒，由外围通道返回隔离区，洗澡、更衣，衣物浸泡消毒。

（五）负责外围环境消毒、灭蚊蝇、灭鼠工作

1. 围墙外道路每周使用 20% 石灰乳 +3% 烧碱白化一次。

2. 每天用 3% 烧碱水对通往猪场的专用道路及周边环境进行一次消毒。

3. 负责对猪场灭蝇每 3 天一次，灭鼠每月一次。

三、洗消中心生物安全专员日常工作

（一）负责对进入洗消中心的车辆进行检查登记

1. 车辆进入洗消中心前，对车辆进行全面检查，车厢内外不能有垫料、粪便、破损的赶猪板等杂物，不得携带木质隔板、木质赶猪板及帆布和网罩。

2. 对不符合上述要求的车辆，责令其立即离开，到距离洗消中心直线距离 3 公里以外的地方处理上述物品。

（二）监督检查车辆冲洗是否合格

1. 冲洗完成后，由生物安全专员对车辆进行全面检查并记录，专人负责。

2. 用纸巾擦拭无脏污为合格，检查有一项不合格必须全车重新清洗。

（三）对车辆进行消毒、烘干等工作（图 4-1、图 4-2）

1. 用配制好的消毒水对车厢内外、车头、车身、底盘及轮胎，从车头到车尾进行彻底消毒。

2. 消毒完成、静置 30 分钟后，75℃、30 分钟烘干。

（四）监督前往猪场装猪的车辆洗消是否合格、司机是否洗澡更衣，颁发洗消合格证

（五）对洗消中心环境消毒、灭蚊蝇、灭鼠工作

1. 保持洗消中心内卫生干净、整洁，物品摆放整齐。

2. 每两天需要对室内地面、宿舍、厨房、卫生间及室外地面，进行全面消毒一次。

3. 灭蝇每 3 天一次，灭鼠每月一次。

图 4-1　车辆消毒

图 4-2　车辆烘干

第 2 章　管住车——防止将外疫传入猪场

进出猪场的运输车辆，对猪场的威胁极大。因为猪场不知道这些车辆（尤其是外来车辆）是否到过屠宰厂、其他发病猪场、集市生猪交易市场等危险之地。

管住车就是要管好下列出入猪场的车辆。

一、外来车

拉育肥猪、淘汰种猪、病残猪、小肉猪的车，病死猪无害化处理车，拉全价料、预混料、豆粕、麸皮、玉米、鱼粉的车，拉粪车，送快递的物流车，上级领导的车。

二、内部外出车

猪场内部经常外出的大、小车辆、饲料中转车、买菜车、员工送小孩上学的三轮车等。

要完全控制住外来车及司机靠近猪场，防止人、车接触传播非瘟，就应该采取卖猪中转、进饲料中转等有效措施——这也是目前国内外猪场应对非瘟的通用做法。鉴于猪场内部人员不能到场外装猪、卸料，实施该措施除增加相关设施、设备外，还要增加 2～3 人的专职外勤人员，购买专用的衣服和鞋（即装猪、卸装料时分别穿不同颜色的衣服和鞋，便于工作结束后的消毒管理）。这些人平时可在猪场生活区干些杂活，猪场售猪、进料时由其负责在场外装猪、卸装料，对设施、设备进行消毒等工作。在场外工作结束后，要按规定进行严格消毒。

具体对车辆的管控措施：外来车拉猪、拉料及其他送货车，一律在距猪场300～500 米之外的地方中转，不准走猪场专用道路或靠近猪场；内部外出的车辆在场外消毒后，一律停在猪场大门外或停在生活区内用栅栏隔开，猪场内部人员不能经过空闲停车场。

三、对外来拉猪车辆及售猪过程的管控

1. 将出猪台及地磅（显示器）移至距猪场一段距离的外部区域，防止外来车辆靠近猪场（图4-3）。

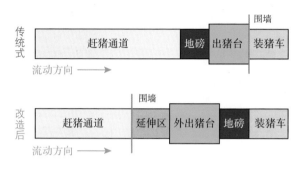

图4-3 非瘟下的售猪过程的改进

2. 在猪场外用简易装猪自动升降平台，将内外部售猪车辆对接，避免场内车和人员与外来车和人员发生接触（图4-4、图4-5）。

图4-4 用装猪连廊将内外部猪车对接

图4-5 用升降平台将内外部猪车对接

3. 用移动的装猪连桥，将外来拉猪车与猪场内部的专用拉猪车隔开，使内外装猪人员不能接触（图4-6、图4-7）。

4. 在场外建中转装猪台——中转站净区为内部拉猪车卸车处，中转站污区为外部拉猪车装车处。两个装猪台间用连廊连接，连廊的中间1米高以上处，用实心墙将外来拉猪车、外来装猪人严格与内部车和人分开，确保买方与卖方之间不能直接接触，从而切断外来车、人的接触传播。

图 4-6　可调节高度的装猪连桥

图 4-7　移动的装猪连桥

5. 将猪场的现有装猪台向外延伸 50 ～ 100 米，修一条专用路对外连接，将现有的对外道路变为场内专用路，两条路不能交叉（图 4-8、图 4-9）。

图 4-8　向外延伸的赶猪道

图 4-9　猪场外移的升降装猪台

6. 图 4-10、图 4-11 表明，内部转运车分别与内部装猪台、外部车辆直接接触的中转卖猪方式，使该内部车成为传播途径不能切断非瘟病毒传播。正确的做法是内部转运车与外来拉猪车之间应用赶猪连廊链接，确保两车之间不能直接接触。

图 4-10　内部拉猪车与外部拉猪车对接

图 4-11　内部拉猪车与内部装猪台对接

7.经济实力较强的猪场，可投资建车辆洗消中心（清洗—消毒—烘干），将中心的出入口分开，防止交叉感染（图4-12、图4-13）。

图4-12　驻马店天中一后羿农牧公司的拉料车烘干房

图4-13　猪场自建的车辆洗消烘干中心

之所以对运猪车采取清洗—消毒—烘干的办法，是因为对车辆清洗—消毒后，再在烘干房60℃以上温度烘干30分钟，即可消灭非瘟病毒。

8.一些猪场对售猪后的装猪台、拉猪车经清洗消毒后，再用火焰高温消毒（图4-14、图4-15）。

图4-14　对装猪台火焰消毒

图4-15　对内部运猪车辆火焰消毒

9.为防止接触传播非瘟，猪场聘请当地村民装猪（图4-16），售猪后及时用3%烧碱水+20%石灰乳对装猪台及地面进行白化消毒（图4-17至图4-19）。

图4-16　装猪

图4-17　白化消毒

图 4-18　白化消毒

图 4-19　白化消毒

四、场外送料车的管控

1. 对拉料车辆外蒙布的消毒——拉料车在路上跟在拉猪车后面，就可能感染非瘟（图 4-20、图 4-21）。

图 4-20　对运料车消毒

图 4-21　对运料车消毒

2. 在猪场外建立饲料转运站，由场外人员经消毒后将外来车送来的饲料卸到中转库，然后由猪场内部车辆将饲料转入猪场饲料库。

3. 外来送料的车停在距猪场 500 米之外的地方，由场外临时雇佣人员经消毒后将外来车送来的饲料卸到内部中转车上，然后由猪场内部车辆将饲料转入猪场饲料库（图 4-22、图 4-23）。

4. 在猪场围墙内建饲料中转塔，将外来车拉来的饲料在围墙外直接打入围墙内的中转塔（图 4-24）。

图 4-22　饲料在猪场外中转

图 4-23　内部中转车将饲料转入猪场

图 4-24　外来送料车不进场直接将
料打入场内储料塔

五、内部卖猪转运车的消毒管控

1. 所有对场外转运猪的内部车辆（含正常淘汰处理，病、残、死猪的出场无害化处置），应先到指定的洗消点，由生物安全专员配置好消毒水（卫可 1∶200）递给驾驶员，驾驶员将驾驶室表面彻底擦洗消毒，将脚垫拿出；用泡沫剂 1∶100 喷洒整个车身和底盘，等待 30 分钟。

2. 用清水将全车车身彻底冲洗干净，等待 30 分钟。

3. 用高压水枪对全车表面进行清洗和消毒（气温低于 15℃时要用热水清洗和消毒），包括车顶、轮胎、底盘等。冲洗和消毒过程中需要移动车辆，便于操作轮胎与地面接触部分，静置 30 分钟。

4. 车辆消毒后离开消毒点，生物安全专员对地面进行全面消毒（戊二醛 1∶150），填写好消毒记录表。

5. 内部售猪转运车辆在到达售猪中转点后，应在该点净区将猪卸下，或通过售猪升降机、活动连廊将猪直接转入外来拉猪车，然后返回指定的消毒点进行严格消毒。在卸猪或直接向外来拉猪车装猪的过程中，严禁与外来拉猪车及买猪人员发生直接接触。

六、内部外出小车的消毒管控（图 4-25）

1. 内部外出小车（含员工的私家车）外出回场前，应到在场外指定的洗车店进行彻底清洗，凭该点发放的消毒合格证回场。

2. 车辆到达猪场门口后，向生物安全专员交场外消毒合格证，并对车辆再次进行冲洗、消毒、干燥后，统一停放在猪场指定的专用停车位置。

3. 司机将车停好后，在生物安全专员监督下，完成入场人员消毒管控程序后入场。

图 4-25　私家车洗消和停放

第 3 章　管住料——使用高温制粒料

一、猪场为何必须使用高温制粒饲料

猪场之所以要用高温制粒料，是因为在自配料的玉米、豆粕等原料采购过程中可受到非瘟病毒污染。全价饲料在加工配制过程中，可通过高温制粒措施，杀灭饲料原料中携带的非瘟病毒，以确保猪场安全。为此，一些地方政府为防控非瘟发生，明文规定禁止猪场使用自配料（图 4-27）。

2019 年 2 月 22 日，非洲猪瘟防控国际交流会在郑州召开。河南牧原秦英林董事长结合牧原的经验教训，在会上作了《饲料原料采购、运输、加工各环节防范非瘟的新举措》的专题讲座，对猪场使用饲料提出了高温制粒的理念。秦英林认为，饲料原料在采购、运输过程中的环节较多，容易受到非瘟病毒感染。采用 85℃以上高温制粒措施可杀灭饲料原料中携带的非瘟病毒。也有一些猪场采取对入库饲料进行再熏蒸消毒的办法（图 4-26），期望能消灭饲料运输途中外包装上的非瘟病毒。

图 4-26　猪场的饲料熏蒸仓库

图 4-27　江西定南县规定猪场停用自配料

　　我国知名猪病专家仇华吉研究员认为，已经试验，选择80℃以上、3分钟高温熟化的全价饲料，病毒会被灭活，没有任何问题。

　　二、非瘟下猪场为何要弃用自配料

　　在非瘟严峻的形势下，猪场老板的理念也发生了明显的变化，由原来关注成本和生产效率转变为如何保猪场、活下去。事关猪场存亡之际，成本已不是最重要的，更重要的是如何规避感染非瘟风险！

　　过去很多猪场为了降低成本，自己买饲料原料，自己配料。但在目前非瘟常态化的环境下，该做法将面临非常大的风险。

　　（一）可能采购到携带非瘟病毒的饲料原料

　　1.原料采购物流环节多，很多猪场采购的原料经过3～4次转手，中间的流通环节很容易感染到非瘟病毒。

　　2.很多猪场没有专业的采购团队，无法辨别原料的源头在哪里，很有可能采购到疫区被非瘟感染的原料，也没有检测的手段来识别原料是否带有非瘟病毒。

　　3.很多猪场还在使用肉骨粉、猪油、麸皮、米糠等易携带或感染非瘟病毒的原料。

　　（二）自配料生产工艺简单，没有经过高温制粒，不能有效杀死非瘟病毒

　　1.非瘟病毒最大的弱点就是怕高温，而自配料只是简单的粉碎混合，没有经过高温杀毒，风险很大。

　　2.自配料包装多次使用，没有经过任何消毒处理，接触病原几率大。

　　3.生产成品没有检测非瘟病毒指标，不能确定是否带有非瘟病毒。

　　三、非瘟下，猪场选择全价饲料供应商的条件

　　1.饲料厂要有一套系统、完善的非瘟防控体系，从原料采购、原料运输、生产工艺、工厂环控、非瘟检测到饲料配送等全流程保障饲料的安全。

　　2.饲料厂有完善的采购管理体系和专业采购团队，有能力对原料追踪溯源。

　　3.不采购同源性原料和疫情区原料，如血浆蛋白粉、肉骨粉、羽毛粉、猪油、鸡油、麸皮、米糠等。

　　4.饲料厂的饲料成品经过85℃3分钟超长高温制粒，杀毒更彻底，营养消化吸收率更高。

　　5.饲料厂具备对原料和成品非瘟指标的检测能力，能保障饲料的安全。

　　6.对饲料厂人员、车辆、物品的进出都有严格的非瘟防控措施。

　　带毒饲料进猪场，毁掉猪场没商量为防非瘟进饲料，就用高温颗粒料——决定猪场生死的不是别人，是猪场老板自己！

第4章　管住人——杜绝人员带毒进场

　　人员把控不严格，可将外疫带进场。对猪场老板来说，防非不能靠运气，心

存侥幸是大忌；防非没有差不多，满分零分靠运作；措施执行不到位，一切努力都白费！

一、猪场员工必须认识到涉及猪场安全的两个至关重要的问题

（一）猪场为何要设置淋浴消毒间

为了防止内、外部人员将非瘟等病毒从场外带入猪场，就必须采取措施在其进入猪场前，将其在场外穿的衣服、鞋子脱掉，去除其携带的一切病原（如头发中可携带的病毒）等。在猪场大门口、生产区门口各设置一个淋浴消毒间，通过对入场人员的淋浴消毒，可解决人为携带的病原问题。

（二）员工每天进生产区，为何都要穿经严格消毒的工作服、鞋

因为员工前一天在生产区工作时，所穿衣服、鞋或接触过猪只的衣服、鞋，极有可能已被看不见的病原侵袭、污染，甚至头发中也可能携带了病原微生物。所以，当员工第二天再次进入生产区时，这些病原就会跟着进入。当他进入猪圈工作的时候，猪做的第一件事就是围着他，用嘴舔、闻、咬他的鞋子和裤子（图4-28），如果他穿的衣服和鞋未经过严格消毒，那这些猪就会被工作服、鞋所携带病原微生物感染。

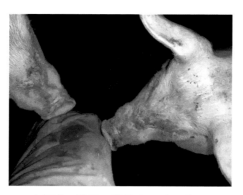

图 4-28　人员进入猪圈，猪就会围着人咬、闻衣服、鞋

员工及外来人员经猪场大门口、生产区门口淋浴间的两次洗澡消毒，通过淋浴消毒后换穿生活区、生产区的工作服和鞋，将在场外穿的衣服和鞋留在猪场大门口外更衣间的做法，可消除经人将外来疫病从场外传入场内的风险。猪场员工必须记住场外和场内是两个完全不同的世界。在场外，员工可以享受充分的自由，不受防疫灭病规章制度的约束；但在场内，就必须无条件地执行这些规章制度。

二、管住人，就是做好下列进猪场人员的淋浴消毒

1.外来买猪（正常猪、淘汰猪、病残猪、死猪、种猪等）的人员进场挑猪验磅。

2.保险公司人员进猪场验看保险猪。

3.送玉米、豆粕等原料的饲料贩子进入猪场仓库卸货、验货。

4.本场人员及驻场家属外出回场（含去集贸市场买菜人员）。

5.从疫区新招来的饲养员进场。

这些进场的猪场内外人员，在未经严格洗澡、消毒、换衣、换鞋及在猪场隔离48小时等程序，就会直接把病毒带进猪场（图4-29、图4-30）。

图4-29　未消毒的手可传播病毒　　　　图4-30　未消毒的鞋底可传播病毒

2019年1月13日，法国专家卡迪博士在郑州举办的非瘟防控会议上，手拿一双鞋，讲解人员进猪场生活区、生产区必须两次换猪场专用工作鞋，防止外来衣服和鞋传播疾病的重要性（图4-30）

三、进场人员的具体管控措施

（一）外来人员的管控

在非瘟非常严峻的形势下，买猪、送饲料、送食材、查验保险猪及各类业务人员等一切外来人员，一律不准进入猪场。确需与猪场负责人见面洽谈业务，应选在远离猪场之外的地点进行。

（二）确需进场的内外部人员，必须进行洗澡消毒（图4-31）

防非瘟工作给猪场带来了很大的工作量，直接导致猪场在现有人员编制下的人手可能不够，需要增加若干人员作为替补饲养员，平时负责场内外的消毒、装猪工作。

图4-31　对进入猪场人员最好的控制措施就是进行两次洗澡

规定所有进入猪场的人员（含内部员工），必须做到：

1. 猪场大门口设人员进场专用洗澡间及内、外更衣室各一个，更衣间带 6 个紫外线灯管，对进猪场人员衣服、鞋进行消毒。

2. 进场人员在入场前到指定的附近澡堂洗澡、换穿猪场配备的回场专用衣服、鞋后，由猪场司机将其接回猪场。

3. 猪场员工在场外穿的衣服（内衣、内裤、袜子不能再穿回猪场，必须扔掉，由猪场另行配备）、鞋及所带东西，送猪场大门口消毒间密闭消毒 48 小时，之后放在猪场大门口外更衣间内。

4. 非猪场员工的衣服和鞋，要用猪场提供的专用衣服袋子将其装入，扎紧袋口后放在车上。该人员离场时，应穿猪场赠送的衣服和鞋，带上进场前用袋子装的自己衣服和鞋，由猪场车辆送出猪场。

5. 需要进场的人员到场后，在场大门口洗澡间进行第二次洗澡消毒（图 5-38、图 5-39），换穿猪场提供的在生活区穿的衣服和鞋后，方能进入生活区进行隔离。进场前所穿猪场配备的专用外衣和鞋（内衣、内裤留下自用），由门卫负责送场门口消毒间消毒。回场人员如果是猪场员工，必须在猪场生活区隔离两天后，经在生产区门口洗澡间进行第三次洗澡消毒（图 4-32、图 4-33），换穿在生产区穿的衣服和鞋后，方能进生产区工作。

图 4-32　进场洗澡消毒

图 4-33　穿猪场工作服才能入内

（三）非瘟下，猪场应为生产区员工配备 2 ～ 3 套工作服，建洗衣房，安排专人为生产区员工洗工作服，要求生产区员工上班必须穿消过毒的工作服进猪舍工作（图 4-34、图 4-35）

（四）猪场大门口应设专用臭氧消毒室，以对进场人员随身携带的手机、笔、本、电脑等小件物品进行消毒（图 4-36、图 4-37）

（五）员工进生产区，必须穿白色胶鞋（图 4-38），进猪舍应换穿黑色胶鞋（图 4-39），防止在猪舍外存在的非瘟病毒通过鞋底带入猪舍

据外国专家介绍，目前我国猪场普遍采用的喷雾消毒措施（图 4-40、图 4-41），对口蹄疫、蓝耳病、仔猪腹泻等有效，对非瘟效果如何没有数据。国外猪场采用的是洗澡消毒办法。

图 4-34　猪场配备的洗衣机

图 4-35　工作服应是消过毒的

图 4-36　猪场配备的臭氧消毒室

图 4-37　员工从场内侧将消毒物品取出

图 4-38　人员进出猪舍应换黑白胶鞋

图 4-39　猪舍门口存放的黑白胶鞋

图 4-40　非瘟前猪场多用喷雾消毒

图 4-41　非瘟前进场人员多穿防护服消毒

为防外来疫病进入猪场，猪场都会在大门口、生产区门口设置淋浴消毒间。然而，常常可以看到，很多猪场对外来人员入场把控很严，对自己外出的员工回场却形同虚设，尤其是生产区员工不经淋浴洗澡就直接进入了生产区。这种做法对猪场来说是非常危险的，因为员工甚至作为猪场关键的负责人——场长，根本就没有认识到猪场设置淋浴消毒间的重要性。

　　四、人员出场管理

　　1. 员工出场写请假条，经场长签字后交生物安全专员备案、出场。

　　2. 员工出场前，应将在生活区穿的衣服和鞋脱在猪场大门口的内更衣间，以便返场时使用，这些衣服和鞋不允许带出猪场。

　　3. 在生物安全专员监督下，穿上存放在外更衣间的衣服和鞋出场。

　　4. 猪场员工外出期间，不得到畜禽交易场所、屠宰厂及其他猪场等，一旦发现立即开除。

第 5 章　管住物——防止物料带毒进场

　　由于猪场日常生产中需要的饲料、疫苗、兽药、低值易耗品、维修物质等较多，而且购买运送次数频繁，很容易将病原微生物带入猪场。因此，切断非瘟病毒通过运送物料传入猪场的途径，是猪场防范非瘟发生的重要环节。

　　一、猪场常用物资进场管控

　　（一）物品、药品、小型工具、小型建筑材料等可熏蒸消毒的物品

　　1. 所有物品外包装到猪场门卫处进行拆卸处理，外包装统一焚烧。

　　2. 物品由生物安全专员放入门卫处的一级消毒间，使用臭氧熏蒸和紫外线照射 12 小时后方可进入隔离区域。

　　3. 物品进入隔离区域后，放入与生产区连接的的二级消毒间，再次使用臭氧熏蒸和紫外线照射 12 小时后，进入生产区库房。

　　（二）大型设备、材料进场

　　1. 此类物品进场应预先制定好消毒方案，并由生物安全专员监督全部消毒处理过程。

　　2. 钢材、管道、机械设备由门卫或生物安全专员用高压水枪彻底清洗消毒。

　　3. 煤炭必须在每年 7 月 15 日—8 月 15 日购进，其他时间不允许购进。

　　4. 门卫或生物安全专员用消毒水对车辆彻底喷透。

　　（三）疫苗、猪精液、兽药等进场

　　1. 生物安全专员在对疫苗、猪精液等生物制品处理时，应先用消毒水洗手。

　　2. 猪精液、疫苗等不能在外长时间存放，用过氧乙酸消毒液擦拭后立即放入冰箱（图 4-42、图 4-43），外包装统一焚烧。

图 4-42　消毒后冷藏

图 4-43　消毒后冷藏

3. 所有物品、兽药必须打开外包装，以最小单元熏蒸消毒 24 小时（图 4-44、图 4-45）。

图 4-44　熏蒸消毒

图 4-45　熏蒸消毒

4. 所有物品的外包装进行焚烧处理。

（四）厨房物资

1. 蔬菜（不带泥土）、鸡蛋、水果等食材，需要用泡腾片（二氧化氯 1∶500）进行浸泡消毒 30 分钟→用清水清洗一遍→消毒后放入厨房储菜间存放（图 4-46）。

图 4-46　厨房蔬菜消毒

2. 馒头、面条、米、面粉等副食，打开外包装裸露，需臭氧消毒一个小时后可进入厨房。

二、饲料进场管控

1. 外来送料车不能直接将料送入猪场内，必须实行中转。如果使用散装料车，在对车辆按程序进行消毒后可在猪场院墙外，直接将饲料打入储料仓。

2. 饲料车到场附近后，生物安全专员穿隔离服及专用靴并负责把车带到外场指定区域，并告诉驾驶员禁止下车，按消毒流程对运料车进行消毒。

3. 本场内部的运输车在指定地点，由生物安全专员负责找场外人员穿隔离服及专用靴，将饲料卸到内部拉料车。期间两车司机都不允许下车发生接触。

4. 饲料转运结束后，生物安全专员需要对地面和转运饲料所有用过的车辆和工具进行消毒，衣物、靴子等需要用消毒水浸泡。

第 6 章　管传媒——防止鸟类、老鼠等传播病毒

猪场难以避开鸟类、老鼠、蚊蝇等，但可以通过一定的方法降低风险。如保持栋舍干净整洁，猪舍周边不种其他植被、定期除草，及时清理遗漏出的饲料，适时清理垃圾、残渣，快速处理死猪，定期喷洒消毒液，及时清除积水等。

一、防控鸟类

（一）首先要了解本场周边的鸟患情况

1. 确定鸟类主要栖息和活动的区域。

2. 记录鸟粪较多的地方。

3. 观察有无鸟在猪圈上方栖息（图4-47）。

（二）减少鸟患的方法

1. 安装防鸟网（图4-48、图4-49）。

2. 在储水池、料筒等加盖子。

3. 每天清理剩料、剩水。

4. 消灭鸟巢和鸟蛋。

5. 减少周边树木。

6. 散落外面的饲料及时清理。

7. 播放噪音及刺耳的口哨声等。

二、控制和消灭老鼠

老鼠还会啃咬电线绝缘层造成短路，引起火灾，危害巨大，因此所有猪场都应该有自己的灭鼠和防鼠方案。在仓库

图4-47　鸟内在猪舍歇息可传播病毒

及栋舍区域寻找可能的鼠洞出口并放置诱饵，以达到防鼠、灭鼠的目的。

图 4-48　猪舍窗户安装防鸟网

图 4-49　在猪舍周围安彩钢瓦、防鸟网

1. 检查栋舍和饲料储存区老鼠活动情况，比如有无粪便和洞穴。

2. 确定老鼠的食物来源，阻止其靠近。

3. 摧毁洞穴，封锁可能的进出口。

4. 消除周边的隐蔽区域（植被、杂草），可以铺设 3 米宽，2.5 厘米厚的石子，并清除入口周边的杂草。

5. 间隔 3 ～ 6 米设置诱捕站，并定期检查诱捕站使用情况。

6. 在猪场围墙、猪舍、养猪设备、生产区道路等处，安装光滑的彩钢瓦，防止老鼠、野猫等动物攀爬（图 4-49 至图 4-52）；

7. 定期清理老鼠尸体。

图 4-50　在猪场围墙外安装光滑的防鼠板

图 4-51　在养猪设备周围安装防鼠板

图 4-52　在生产区道路安装防鼠板

第7章　管引种——严防将外疫引进猪场

引种确实有很大风险，尤其是在非瘟非常严重的形势下。但猪场为确保生产正常进行，使母猪群具有最大的生产能力，又不得不从外部引进种猪。为做好引种工作，确保猪场安全，可采取以下措施。

1. 引种前应对猪舍进行彻底清洗、消毒、干燥（图4-53、图-54）。

图4-53　猪舍清洗消毒　　　　　图4-54　猪舍清洗消毒

2. 引入前必须对引入的猪场周边环境疫情评估，猪场10公里范围内无疫情发生，对供种猪场进行非瘟检测，确定阴性且猪只稳定健康度良好才可引入。

3. 采用全封密猪车拉猪（图4-55），避免运输过程中的交叉感染的风险。

图4-55　密闭的运猪车确保运输途中安全

4. 运输过程中的生物安全。尽量晚上运猪、不停车、不进服务区、司机不下车、下猪前必须对猪及猪车进行再次洗消。

5. 引入的后备种猪在隔离舍饲养30天及60天时，分别对猪只、环境采样进行检测。饲养过程中尽量减少与猪直接接触，减少猪只应激。

6. 猪只到场后，要用彩条布铺设卸猪台、赶猪道及猪舍走道等地面（图4-56、图4-57），让猪走在彩条布上面直接进入猪舍，不要让猪直接接触地面，以确保安全。

图4-56　卸猪台铺彩条布　　　　图4-57　场内赶猪道铺彩条布

7. 猪引入后，要根据体重大小和猪群类别，采取相应的饲养管理措施，提供充足营养、饮水、干燥卫生的猪舍和适宜的环境温度，按正常的生产管理操作规程进行免疫保健，确保健康。如猪群发生异常，应立即采样检测是否感染非瘟（图4-58至图4-60）。

图4-58　口鼻棉签采样　　　图4-59　样品采集送检　　　图4-60　哨兵猪饲养

8. 引进种猪在饲养期间，要严格管控车辆、人员、物料进出消毒及做好传播媒介生物的管制（详见本篇有关内容）。

第8章　管猪群——做好内部猪群的流转管控

由于生产和销售的需要，猪场内部按生产计划流程必须定期对猪群进行转运，否则就会影响生产工作的正常进行。而长到出栏体重的猪必须出售，否则就会猪满为患。频繁的转运猪群及对外销售，给猪场带来了很大的疫病隐患。许多发生非瘟猪场的教训表明，猪场的对外卖猪环节存在很大安全风险，直接导致猪场遭受灭顶之灾。

一、外来猪的进场

1.拉猪车辆在拉猪前必须由生物安全专员检测合格后方可拉猪。

2.进猪前对猪舍进行彻底清洗消毒。

3.进猪前对进猪的猪场周边环境疫情评估，猪场 3 公里范围内无疫情发生，所有猪进行非瘟检测，确定阴性且猪只健康度良好才可引入。

4.采用全封密猪车拉猪，避免运输过程中交叉感染的风险（猪车必须分别检测合格后方可进行运输）。

5.运输过程中的生物安全。尽量晚上运猪、不停车、不进服务区、司机不下车、下猪前必须对猪及猪车进行再次洗消。

6.如后备猪引种，需对引种前的种猪进行蓝耳、伪狂、猪瘟、口蹄疫抗体检测，抗体合格后方可引种。

7.猪只到场后，司机原则上不允许下车，如条件不允许需要下车，司机必须换上隔离服及专用靴子并戴手套。

8.卸猪前，卸猪台先用消毒水消毒，静置 30 分钟后开始卸猪操作。

9.卸猪由生物安全专员负责监管，并对进场猪只消毒后才可进场。

10.赶猪过程中，禁止内外人员接触包括传递物品，场外人员不得接触场内赶猪通道，场内人员不得接触场外赶猪通道。

11.赶猪过程中，猪只赶进净区后禁止再返回脏区。

12.猪只卸完后，对赶猪通道及卸猪台直接用消毒水浸泡，全面清洗。

13.卸猪台处理结束后，工作人员返回前，需要在指定地点脱掉隔离服，将衣服和靴子用消毒水浸泡 30 分钟后再进行清洗，然后放入指定位置。

二、外售猪只的出场

生产实践表明，很多猪场发生非瘟，多是因为外来拉猪车直接靠近了猪场的装猪台，卖猪后 5～7 天即可发病。猪场卖猪实行中转站中转，是防范非瘟发生的有效措施。

（一）卖猪前准备

提前申报卖猪计划，各区域负责人员提前做好准备事项（设置好赶猪通道、赶猪工具、猪只信息确定），避免时间浪费。

（二）赶猪

1.生产人员将猪只赶到内部转猪车，由司机运往内部中转站，再由生物安全专员负责监督指导外聘赶猪人员，将猪赶至外部售猪车。

2.赶猪过程中禁止内外人员接触包括传递物品，场外人员不得接触场内赶猪通道，场内人员不得接触场外赶猪通道。

3.赶猪过程中，猪只赶出净区后禁止再返回净区。所有猪只出场后不得返场。

（三）消毒

猪只装卸完毕后，对赶猪通道及装猪台用消毒水全面清洗。装猪台处理结束后，工作人员返回前，需要在指定地点脱掉隔离服，将衣服和靴子用消毒水浸泡30分钟后再进行清洗，然后放入指定位置。

注意：如果是销售淘汰猪，最好在下午下班前进行，淘汰猪只工作结束后，所有人员不得返回猪舍，直接洗澡下班，衣物、靴子浸泡消毒。

三、生产区健康猪转群

（一）转猪前准备

提前沟通，各区域负责人员提前做好准备事项（圈舍消毒、饲料准备、饮水检查、环控参数设定、车辆准备），协商好转猪时间，按计划执行，选择在天气阴凉的时候进行转猪。

（二）猪只运输

由转出舍的生产人员将猪从猪舍赶（抓）上内部转猪车，再由转入舍的生产人员将猪从转猪车赶进转入舍。转猪过程中，猪只不得返回。

（三）消毒

转猪结束后，要对转猪车辆、通道、赶猪工具进行清洗、消毒。

四、病死猪出场管控

1.病死猪外运，由猪场的内部专用密封车进行（图4-61）。

2.拉猪车拉猪前，必须用消毒水（戊二醛1∶150）彻底消毒后等待30分钟再出发。

3.到达冰库门口后，再次对该车辆清洗消毒，静置30分钟等待拉猪，司机禁止下车。

4.病死猪车拉猪工作完成后，必须到指定洗消点进行清洗、消毒。

5.冰库应设在生产区外面。由生物安全专员负责，从场外找人并经过严格消毒后，进入冰库将冷冻的病死猪装上专用密封车（图4-62），运出场外做无害化处理。

图4-61 拉病死猪车

图4-62 死猪装车

第 9 章　管厨房——高度重视猪场的厨房管理

非瘟的流行病学调查结果表明，厨房泔水可传播本病。对猪场来说，认真做好厨房的日常管理，防止蔬菜残叶等垃圾、剩饭、剩菜及凉菜进入生产区，也是确保猪场安全的重要一环。

1. 所有食材食物等，必须彻底消毒处理完成后才可以拿入厨房。

2. 蔬菜残叶、土豆皮等厨房垃圾集中放入垃圾桶内，不能有随地撒落的情况。

3. 食堂所有饭菜必须是热处理过的，禁止吃凉拌菜。

4. 隔离人员只允许在食堂就餐，不允许参加食堂内的各项操作，如搬运蔬菜，做饭等。

5. 在生活区就餐的员工，只能在食堂进餐，不能带食物回宿舍吃，避免剩饭菜乱倒，引起老鼠泛滥。

6. 中午在生产区就餐的员工，应在生产区餐厅或指定地点就餐，就餐后所有的剩菜、剩饭集中倒在桶里，运出生产区作无害化处理。

7. 每天对厨房所有用具放入消毒柜进行消毒，每使用一次消毒一次，隔离区一天一次。

8. 厨房、餐厅每天进行消毒一次，对所有的餐桌、地板进行擦拭。

9. 在厨房及生产区的就餐区，要设置专用剩饭、剩菜及泔水收集桶，及时将桶内的收集物运出场外进行无害化处理。

10. 厨房不能设在生产区内，生产区内员工不能在生产区开小灶。生产区员工的饭菜在生活区做好后，由专人送到生产区打饭口即可。

第 10 章　管消毒——猪场日常的消毒管理

猪场定期开展日常的消毒工作，就是为了消灭传染源，对即时杀灭病原微生物、减少其密度，降低疫病发生几率非常重要。

第 1 节　猪场日常的消毒操作方法

在目前防非瘟形势非常严峻的情况下，认真做好猪场的消毒灭源工作已成为重中之重。对每次、每个环节开展的消毒工作，都必须有消毒记录（消毒日期、使用的消毒药物、消毒方式、消毒执行人、场长签字），以备核查。

一、腾空猪舍消毒程序

（一）清污（图 4-63、图 4-64）

清污就是猪舍腾空后，将猪舍内的剩水、剩料、粪尿及杂物等全部清理干净。

图 4-63　清理下水道　　　　　图 4-64　清理猪舍顶棚、食槽

（二）清洗（图 4-65、图 4-66）

清洗就是将清污后的猪舍，用清水进行清洗。这个过程非常重要！清洗过程做得好，可清除 90% 以上的病原。

图 4-65　清洗圈门　　　　　　图 4-66　清洗猪栏

（三）消毒

消毒就是用高压消毒机对清洗后干净的猪舍（不留死角）用 3% 烧碱水进行消毒（冬春季节天气寒冷，要用高压高温消毒）、浸泡 2 天（图 4-67、图 4-68）。

（四）火焰喷射高温消毒（图 4-69～图 4-72）

火焰喷射消毒就是将烧碱水消毒、浸泡后猪舍，用多管火焰喷射器对猪舍走道、地面、墙壁、栏舍、排粪沟、下水道、圈门、猪舍门、墙角、地脚线、食槽、饮水器等处，全面进行火焰喷射消毒。对不能使用火焰喷射消毒的猪舍内的下水道，要用高压高温风机消毒。

图 4-67　消毒猪栏

图 4-68　消毒猪舍顶棚

图 4-69　火焰栏墙消毒

图 4-70　火焰食槽消毒

图 4-71　火焰地面消毒

图 4-72　火焰舍外消毒

　　非瘟及其他病毒、细菌等病原微生物，都惧怕高温。各场场长要亲自监督火焰喷射消毒过程。尤其是烧碱消毒时不能达到的地方（如猪圈的墙角、地脚线、食槽内部），要特别注意用火焰喷射器多消毒几次。

（五）3% 烧碱水 +20% 石灰水白化消毒（图 4-73、图 4-74）

对上述四道程序没有消毒过的地方，眼睛是看不见的。可使用 3% 烧碱水 +20% 石灰水对猪舍内所有能看得见的地方进行全方位白化覆盖，可全面消毒死角。猪舍经上述白化后应予以封闭，任何人不能入内，直至非瘟检测合格、转入下批猪为止。

图 4-73　怀孕舍限位栏白化　　　　　图 4-74　产房限位栏白化

二、每周一次用 3% 烧碱水 +20% 石灰水，对场区道路进行白化消毒，白化时，要全覆盖，不能留死角（图 4-75、图 4-76）

图 4-75　场区道路白化　　　　　　图 4-76　赶猪道白化

三、开展日常的消毒工作

1. 办公室、员工宿舍、仓库、食堂等处，每周弥雾、臭氧交替消毒一次（图 4-77、图 4-78）。

2. 生产办公室（图 4-79）、澡堂每天弥雾消毒一次（图 4-80）。

3. 猪舍粪便清理装袋（图 4-81、图 4-82），便于集中处理，防止病原在外运过程中污染场区道路。

图 4-77　生活区办公室消毒

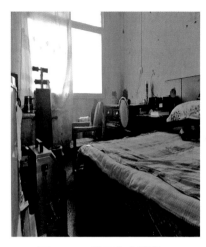

图 4-78　员工宿舍消毒

图 4-79　办公室消毒

图 4-80　弥雾消毒

图 4-81　清理猪粪便

图 4-82　清理猪粪便

4.每天早晚对场区进行两次消毒（道路、料房、食堂、售猪台、卫生间），每天各猪舍带猪消毒一次（图4-83至图4-86）。

图4-83　场区道路消毒

图4-84　猪舍带猪消毒

5.道路交叉口设立移动消毒池（图4-85），进出舍前踏消毒池消毒（图4-86），进猪舍要更换不同颜色胶鞋。

图4-85　脚踏消毒池

图4-86　脚踏消毒池

6.病猪舍空栏后每月3次用火碱（图4-87）、熏蒸（图4-88）循环消毒。

图4-87　火碱消毒

图4-88　熏蒸消毒

四、每月一次用3%烧碱水对生产区空地，用水泵进行喷灌消毒（图 4-89、图 4-90）

图 4-89　盛 3% 烧碱水的储水池

图 4-90　用水泵对生产区空地喷灌消毒

五、每天一次对密闭猪舍进行带猪喷雾消毒

冬季因保温密封猪舍（图 4-91），使舍内病原微生物不能及时排出，容易导致猪群发病。要特别注意冬天在做好防寒保暖工作的同时，做好猪舍内空气的消毒工作。采取带猪消毒时，可用戊二醛溶液 1：500 倍消毒液，使用喷雾消毒设备可杀灭舍内空气中的病原微生物（图 4-92 至图 4-94）。

图 4-91　冬季密封猪舍

图 4-92　喷雾消毒

图 4-93　产房带猪喷雾消毒

图 4-94　保育舍带猪喷雾消毒

六、常规器械的消毒

1. 每天下班前，将所有使用过的注射器、针头使用蒸馏水清洗干净。

2. 清洗结束后，使用蒸煮设备进行蒸煮 30 分钟。

3. 蒸煮结束待自然冷却后，使用蒸馏水进行 3 次清洗。

4. 将清洗好的器械放入干燥箱内烘干，设置温度 80℃ 40 分钟，或者自然晾干待用。盖上纱布，避免污染。

5. 针头进行挑选，剔除有倒刺的、不锋利的针头，将筛选好的针头整理好备用。

第 2 节　非瘟时代消毒剂的选择及使用注意事项

认真做好消毒灭源工作，是猪场防止传染病发生的重要手段。当传染病发生和流行时，能否正确选择、使用消毒剂，则关系到防控疫病的成败，甚至直接涉及到猪场的生死存亡，尤其是在非瘟严峻的形势下，正确选择、使用消毒剂就显得更为关键。

一、非瘟时代消毒剂的正确选择

非瘟疫情在我国的暴发和快速蔓延，给猪场老板搞了个措手不及，给养猪生产造成了巨大损失，直接引起了国家领导人的高度重视。湖南省动物疫病预防控制中心也在第一时间做出反应，特委托国家非瘟参考实验室、中国动物卫生与流行病学中心，进行消毒剂对非瘟病毒的杀灭实验，并在市场上对部分消毒剂的使用效果进行检测。结果表明，在 4℃接触 30 分钟和 20℃接触 30 分钟条件下，坤源安灭杀（批号：20190101）工作浓度为 0.33% ~ 2%；坤源复方戊二醛溶液（批号：20190102）1：80 ~ 1：300 倍稀释；坤源镇疫醛（批号：20181201）1：500 ~ 1：2 000 倍稀释；坤源菌疫灭复合酚（批号：20181204）1：200 ~ 1：500 倍稀释；坤源瑞农（批号：20181203）1：300 倍稀释；坤源卫可安（批号：20190103）1：200 倍稀释，可有效杀灭非瘟病毒。湖南坤源生物科技有限公司生产的上述系列消毒剂，也因此获得了国家非洲猪瘟参考实验室、中国动物卫生与流行病学中心实验认证的防控非瘟的消毒产品。

二、非瘟时代消毒剂的正确使用

正确使用消毒剂，是提高消毒效果、确保猪场安全的关键环节。

（一）受威胁区、疑似受威胁区

在疫病流行期要加强消毒，开始每天 3 ~ 5 次，以彻底清除本场的病原微生物，连续消毒 7 天，以后改为每天消毒 1 次，要严格按照生物防范体系要求，防止外面的病原微生物进入猪场，直至疫情结束后，再坚持这样的消毒程序 15 天以上，然后恢复正常的消毒程序。

（二）加强各生产环节的消毒工作

1. 门卫消毒系统

（1）大门口消毒池。可选用农可福（1∶200 倍稀释）或菌疫灭（1∶200 倍稀释）。

（2）车辆消毒。有条件的猪场要建洗消中心，消毒剂可选用复方戊二醛（15% 戊二醛 +10% 苯扎氯铵）（1∶200 倍稀释）或者镇疫醛（5% 戊二醛 +5% 癸甲溴铵）（1∶100 倍稀释）或者卫可安（有效氯 ≥ 10%）（1∶150 倍稀释），建议对车辆先用碱性泡沫清洗剂泡可净全泡沫覆盖后再进行消毒，使消毒工作更有效。具体程序为：

第一步：车辆到达一级洗消中心后，首先到车辆清洗车间进行第一次的粗清洗，清洗时直接用高压水枪 + 凉水冲洗即可，然后用热水 + 高压水枪进行二次清洗，然后用泡可净（1∶80 ～ 100 倍稀释，压力调到 100 千克以上）+ 发泡枪进行泡沫全覆盖，30 分钟后用高压水枪冲洗干净，最后用一次性座套套在车座上。清洗时要注意驾驶室、车辆底盘和缝隙的清洗，做到先上后下、先里后外。

第二步：将清洗干净的车辆开到烘干车间进行烘干处理。烘干是为了保证消毒的效果，同时干燥也是很好的消毒。

第三步：将烘干好的车辆开到消毒车间进行消毒，消毒剂可选用复方戊二醛（1∶200 ～ 300 倍稀释）或镇疫醛（1∶100 ～ 150 倍稀释）进行喷雾消毒，要全方位进行喷雾消毒，不留死角，消毒完毕的车辆要滞留最少 30 分钟才能开走。

（3）人员通道消毒。建立健全人员通道消毒系统，采用喷雾消毒效果比较可靠，消毒剂可选用卫可安（有效氯 ≥ 10%）（1∶150 倍稀释）或复方戊二醛（15% 戊二醛 +10% 苯扎氯铵)（1∶300 倍稀释）或者镇疫醛（5% 戊二醛 +5% 癸甲溴铵）（1∶150 倍稀释）。

2. 装猪台和拉猪车消毒

可用农可福（1∶100 倍稀释）或菌疫灭（1∶100 倍稀释）或复方戊二醛（1∶100 倍稀释）或过氧可安（1∶100 倍稀释）喷雾消毒。

3. 场地消毒

消毒剂可选用农可福（1∶300 倍稀释）或菌疫灭（1∶300 倍稀释）或复方戊二醛（1∶300 倍稀释）或镇疫醛（1∶150 倍稀释）或瑞农（1∶300 倍稀释）喷洒消毒，每平方米喷洒药液 500 毫升以上。

4. 产房、种猪舍消毒

消毒剂可选用复方戊二醛（1∶300 倍稀释）、镇疫醛（1∶150 倍稀释）、坤源安比杀（1∶300 倍稀释）、坤源安灭杀（1∶150 倍稀释）、过氧可安（1∶200 倍稀释）、坤源卫可安（1∶150 倍稀释）等带猪喷雾消毒。产房最好用坤源安比杀（1∶300 倍稀释）、坤源安灭杀（1∶150 倍稀释）、过氧可安（1∶200 倍稀释）、坤源卫可安（1∶150 倍稀释）等带猪喷雾消毒，每平方米喷洒药液 300 ～ 500 毫升。

毒水消毒，效果是很有限的。粪尿、污染物、有机物、垃圾等的存在，会导致消毒灭源不彻底，严重影响消毒剂的消毒效果，因此，消毒前一定要先进行清扫等清洁工作。

实际上，消毒的概念不仅仅是用消毒剂来消毒，消毒包括清扫、冲洗、通风换气、干燥等。消毒的目的是减少和清除病原微生物，只要是能清除病原微生物或能使病原微生物减少的所有措施都叫消毒，而清洁卫生是最好的消毒措施之一。

6. 消毒时要关注环境温度是否适宜

环境温度对消毒效果的影响要从两方面来讲：一是稀释消毒剂的水温，二是被消毒的环境温度。对于碱性消毒剂来说温度越高，消毒效果越好；对于卤素类消毒剂则是20℃左右消毒效果最好；对于碘制剂来说，稀释水温超过43℃以上就会失效；对于农可福、菌疫灭来说，稀释水温必须大于8℃，因为水温低于8℃时，农可福和菌疫灭很难溶解；做熏蒸消毒时，环境温度越高、湿度越大，效果越好；而有些消毒剂在环境消毒时的消毒效果受低温的影响较小，比如过氧可安、卫可安、碘制剂等，这就是不同季节要选择不同消毒剂的主要原因。

7. 消毒时要关注环境湿度是否适宜

湿度的大小与猪的健康及消毒效果密切相关。

（1）熏蒸消毒时温度越高、湿度越大，效果越好。除环氧乙烷最适宜的相对湿度是30%～50%外，其他如甲醛、烟克、烟营、过氧乙酸、卫可安等熏蒸消毒时，都是湿度越高效果越好。

（2）喷雾消毒时，如果环境中湿度过低，喷出消毒液的量不够，喷出的雾水落到地面上很快变干，这时的消毒效果就会大打折扣，因为消毒液与病原微生物的接触时间直接影响消毒效果。可适当降低消毒液浓度，将喷药量加大到每平方米400～500毫升药液甚至更多，以保证消毒液在落地后15～30分钟不会变干，进而保障消毒效果。

（3）喷雾消毒时，对于湿度过大的环境，比如刚冲洗完栏舍，如果地面非常潮湿或有积水时，当喷出的消毒液落到地面上，地面上过多的水分就会降低消毒溶液浓度而影响消毒效果，故要求环境喷雾消毒时，要先清扫、再喷雾、30分钟后再冲洗。

8. 关注消毒剂作用时间，提高消毒效果

影响消毒剂作用时间的直接因素就是单位面积的喷药量，喷洒的药量不足，很快蒸发掉了，与病原微生物的接触时间就不能达到15分钟以上，消毒效果就会大打折扣。所以，带猪消毒时，要求每平方米喷洒300毫升左右的药液；外环境消毒时，要求每平方米喷洒500毫升左右的药液。

9. 正确使用消毒设备，确保消毒效果

消毒设备的好坏也直接影响消毒效果，比如雾滴的大小、喷雾的速度及方法等。

雾滴过大，沉降速度就会过快，消毒液在空中停留的时间会过短，这会直接影响到消毒液与病原微生物的接触概率和接触时间，从而直接影响消毒效果。

喷雾的速度过慢，影响工作效率和消毒的时效性，喷雾速度过快，则很容易形成气溶胶，直接影响消毒效果。

喷雾方法不正确，将直接影响消毒效果。正确的方法是将喷枪举高并呈45°向上喷洒，让喷出的水雾（喷雾器雾化要好）从最高处自由下落，在下落的过程中把空气中的粉尘和病原微生物带到地面（坤源公司的消毒剂中大部分都添加有聚六亚甲基盐酸盐（PHMB），PHMB能够主动吸附病原微生物），15～30分钟后可将病原微生物彻底杀灭。

10. 要让责任心强的员工担任消毒员

消毒失败的根源往往在人，如果从事消毒工作的人素质较低，不会操作或者不认真负责，则消毒效果一定差，甚至无效。因此，加强对消毒人员的培训工作，非常重要。

四、无装猪台的猪场如何确保卖猪安全

非瘟防控实践表明，很多猪场对外售猪后没几天，猪场开始发生非瘟，猪场损失很大甚至全军覆没。表明了猪场卖猪环节是防控非瘟发生的重要薄弱环节，应引起猪场老板的应有重视。

有装猪台的中小型猪场，要严格按照本书所述的装猪台消毒措施消毒即可（最好将装猪台外移到猪场500米之外，防止外来拉猪车靠近猪场），没有装猪台的猪场如何确保卖猪安全呢？

1. 在猪场大门口外100米远，选一片方便圈猪和装猪的地方，就地取材建一个能圈猪的圈，与固定自动升降平台相连接。经过彻底消毒后，用猪场自己的车辆将要卖的猪，全部运到该处。

2. 外来拉猪车辆，须按要求经过彻底的清洗和消毒。

3. 聘请场外人员，将猪通过升降平台装上外来拉猪车。

4. 凡是赶出场的猪必须全部卖掉，严禁把猪赶回猪场。

5. 卖完猪后，要用农可福（1∶200倍稀释）或复方戊二醛（1∶200倍稀释），对该售猪场地及内部运猪车辆，进行彻底的消毒。

6. 凡是参与本次售猪的本场人员，脱掉外套（工作服），将其放在大门口配好的消毒液（复方戊二醛1∶200倍稀释）中，然后带上换洗衣物（干净衣物必须用塑料袋子密封）到外面澡堂洗澡，洗澡后换上干净衣服，将脱下的衣物密封带回直接放到配好的消毒液（复方戊二醛1∶200倍稀释）中，换好干净衣服的人员，经过彻底消毒后才能回到猪场。

（本节特邀湖南坤源生物科技有限公司杨洪战技术总监供稿）

第3节 利用高性能消毒设备提高消毒灭源效果

使用消毒药物消灭病原是猪场通用的做法。有效的消毒就是要使消毒药与病原完全、充分接触，否则，就会导致消毒效果低下甚至无效消毒。因为消毒液不与病原充分接触，就不会彻底将其消灭。

在高密度、大通间养猪的管理模式下，要想使消毒药充分湿润到猪舍各处，不留消毒死角是困难的，如留死角也就意味着留下了隐患。由郑州瑞之来生物科技有限公司总代理的创新型幻影360全方位分子悬浮消毒机可解决这个问题。经河南牧原、河南外贸粮油公司猪场等养猪企业应用后，其效能得到了猪场好评。

一、幻影360分子悬浮消毒机的使用优点

（一）确保了消毒无死角，杜绝了消毒漏洞

车辆驾驶室、底盘，办公室设施设备角落，栏舍顶棚和漏缝板底下等，常规消毒操作容易形成死角，导致消毒效果不彻底或者消毒操作难执行，幻影360属分子悬浮喷雾消毒设备，消毒后的空间大雾弥漫，轻松做到对空间内各个区域和角落的完全覆盖。

（二）消毒持续作用时间长

彻底杀灭病原微生物一般需要消毒作用时间达到30分钟以上，常规的消毒方式持续时间比较难超过5分钟。幻影360创新的纳米级分子悬浮消毒技术，可以在空间内有效持续2小时以上作用时间，轻松达到彻底杀灭病原微生物的效果。

（三）智能机械化应用

传统的消毒方式需要人员对消毒剂进行规范的稀释，在消毒操作时单位面积剂量的使用很难掌握，导致消毒效果无法确定，检察人员也难以正确评估消毒流程执行的情况。幻影360以机器替代人工执行消毒流程，以空间为单位设定准确的工作时间，消毒剂分子均匀分布于消毒场所的各个区域，智能应用，人员轻松，效果有保障。

（四）消毒无湿度

传统的消毒方式需要使用大量的水和消毒剂配比使用，消毒时给消毒场所造成湿度的明显增加，给细菌、病毒和霉菌的增殖创造条件，增加了猪只腹泻和呼吸道疾病的风险，利弊两难。使用幻影360分子悬浮高效能消毒设备，在带猪消毒时既不增加猪舍湿度，也不会降低猪舍温度，在此情况下，有效降低了消毒过程中可能导致的疾病风险。

（五）应用场景广泛

幻影360分子悬浮消毒机与传统的消毒机相比，具有体积小、携带方便、使用灵活等优点，可广泛应用于洗消中心车辆消毒、物资仓库消毒（图4-95）、办公、宿舍（图 4-96）、食堂消毒、带猪消毒和空栏消毒等。

图 4-95　对仓库物资消毒　　　　图 4-96　对办公区域消毒

二、幻影 360 消毒机在猪场的推广应用

非瘟的发生和流行，使中国养猪企业的生物安全防范意识和标准，提升到了前所未有的高度。幻影 360 分子悬浮消毒设备所呈现的对猪舍空间全覆盖消毒的显著特点，在非瘟常态化下得到了养猪企业的青睐。生产厂家推荐的应用方案如下：

（一）车辆消毒

1. 一级洗消点。在距离猪场 3 公里范围区域建立车辆洗消中心，对需要进场的车辆进行彻底清洁和消毒。即泡沫清洁 30 分钟——高温高压清洗——幻影 360 消毒设备喷雾 6 分钟 /100 立方米、密闭 45 分钟。

2. 二级洗消点。在猪场门口设立车辆清洗及消毒通道，对需要进场的车辆进行彻底清洁和消毒。即：高温高压冲洗——幻影 360 消毒设备喷雾 6 分钟 /100 立方米，密闭 30 分钟。

（二）对洗澡间等的消毒

使用幻影 360 消毒设备对下列房间（图 4-97）进行消毒：

1. 对消毒室、洗澡间喷雾 6 分钟 /100 立方米，密闭 2 ～ 4 小时。

2. 对隔离宿舍喷雾 3 分钟 /100 立方米，密闭 30 ～ 60 分钟。

（三）对外来物资的消毒

使用幻影 360 消毒设备，对外来物资进场前消毒喷雾时间为 6 分钟 /100 立方米空间（图 4-98），密闭 2 小时以上；仓库物资消毒喷雾时间为 3 分钟 /100 立方米空间，密闭 2 小时以上。

（四）对公共区域消毒

公共区域消毒程序：房间清洁——物品清洁——幻影 360 消毒设备喷雾 3 ～ 6 分钟 /100 立方米空间，密闭 30 分钟以上——通风。

图 4-97 对洗澡间、宿舍消毒

图 4-98 对外来物资消毒

（五）带猪消毒

带猪消毒程序：栏舍清洁——幻影 360 消毒设备喷雾 2～3 分钟 /100 立方米空间（图 4-99、图 4-100）——密闭 30 分钟以上——通风。

图 4-99 保育舍带猪消毒

图 4-100 产房带猪消毒

夏季带猪消毒方案：在气温低的早晨或晚上，或水帘开启后，以每 800 立方米左右空间放一台幻影 360 消毒设备，机器喷雾时间在 15 分钟以内，喷雾时门窗应关闭。喷雾过后开启风机，按风机的最小通风量 10 分钟左右即可。

（六）腾空猪舍的消毒

腾空猪舍的消毒程序：泡沫清洗——高温高压清洗——喷洒消毒——白化消毒——干燥——幻影 360 消毒设备喷雾时间为 6 分钟 /100 立方米（图 4-101、图 4-102）——密闭 2 小时以上——通风。

使用幻影 360 分子悬浮喷雾消毒设备，在对猪舍、仓库、洗澡间、员工住室、办公室等处消毒时，在核定的密闭容积空间内按要求使用消毒药后，在规定的消毒时间内，可在消毒区域空间的上方形成雾状蘑菇云后逐渐扩散到各个角落，从而达到了全方位、无死角消毒的目的（图 4-102）。

图 4-101　腾空猪舍消毒　　图 4-102　消毒药在猪舍上空形成蘑菇云

　　幻影 360 分子悬浮喷雾消毒设备，自 2019 年 5 月在武汉畜博会正式亮相以来，到 2020 年 5 月短短一年里，产品消毒效果就得到了国内养猪企业的青睐。期望该创新性的高性能分子悬浮喷雾消毒设备，能在今后非瘟常态化的形势下，为促进我国养猪业健康发展，帮助养猪老板赚取更多利润，做出应有贡献。

（本章特邀郑州瑞之来生物科技有限公司田卫华供稿）

第 11 章　管温度——防止冷热应激诱发非瘟

　　生产中我们了解到，猪场发生的许多问题并非出在技术上，而是出在管理环节上，尤其是在面临非瘟常态化的严峻形势下，一个细节的管理不到位就会造成不可挽回的损失。如 2009 年 11 月上旬，河南的不少猪场发生了严重的呼吸道病，有些场甚至还发生了蓝耳病，起因原来是月初的一场大雪突至，使许多猪场没来得及做好防寒保暖的准备工作所致（图 4-103、图 4-104）。

图 4-103　猪舍未做保暖工作　　图 4-104　因寒冷导致猪发病死亡

冬春季节发生的高热病为何总是从生长育肥猪和怀孕猪开始？主要是猪场不重视这类猪的保温工作。

凡事预则立、不立则废。做好冬春季节防寒保暖及夏季的防暑降温准备工作，是确保猪场在非瘟下安全生产、提高养猪效益的前提（表4-1）。

表4-1　猪舍温度与饲料转化率的关系

猪舍温度（℃）	4.4	10	16	20	27	32	37
饲料转化率	5.3	4.1	3.2	2.55	3.1	4.7	7.5

与适宜温度20℃相比，10℃时饲料效率下降60%，32℃时饲料效率下降84%（表4-2）。

表4-2　低温对仔猪生长和饲料报酬的影响（600头母猪为例）

项目	低于最佳温度10℃	最佳温度
保育阶段体重（千克）	6～30	6～30
日采食量（千克）	1.06	0.86
达到同样日增重（千克）标准	0.68	0.68
料肉比（6～30千克）	1.56	1.26
增重24千克耗料（千克）	37.44	30.24
饲料价格（元/吨）	5 000	5 000
增重24千克饲料费（元）	187.2	151.2
适宜的温度节省费用	36元/头（6～30千克）	

（600×2.2胎×10头/12月）×冬季3个月=3 300头×36元/头=118 800元

想方设法做好冬季防寒保暖、夏季防暑降温工作，对降低生产成本、提高养猪效益非常重要！

猪场的环境因素包括猪舍温度、湿度、密度、转群、通风状况及环境卫生等。

在冬春季节环境过冷、湿度过大、通风不良、密度过大、频繁转群的情况下，则都会使猪出现不同程度的应激反应，从而导致猪只生病。

在环境的诸多因素中，适宜的环境温度，是保证猪正常生长发育的首要环境条件。因此，为猪只提供适宜生存的环境温度，是提高猪的生产性能、减少或杜绝病原微生物感染的机会、进而提高经济效益的非常重要的前提条件。

不同种类的猪所需要的适宜温度见表4-3，在工作中应据此采取相应措施，以克服温度对猪只的不利影响。

表 4-3　不同猪的适宜温度

猪　　　别		适宜温度（℃）
哺乳仔猪	生后第一周	34
	生后第二周	34～32
	生后第三周	32～30
	生后第四周	30～28
断奶后第一周		28～30
断奶后第二周		28～25
保育后期猪		25～17
生长猪		17～21
育成猪		15～18
妊娠母猪		14～20
哺乳母猪		18～20
公猪及空怀母猪		13～18

第 1 节　管温差——做好昼夜温差控制，防止猪群发生冷应激

猪在历史进化中对气候环境建立了相当强的适应能力，但在集约化养猪场，猪的适应能力会明显下降。当环境温度突变时，可能产生温差应激反应，出现神经系统、内分泌系统、消化系统和免疫系统等生理紊乱，抵抗力下降。在病原体的攻克下容易致病和生长受阻，影响生产效益（表 4-4）。

表 4-4　室温波动对仔猪和饲料报酬的影响（以 600 头母猪为例）

项目	24℃±5℃	24℃±2℃
保育阶段体重（千克）	6～30	6～30
日采食量（千克）	0.92	0.86
日增重（千克）	0.68	0.68
料肉比（6～30 千克）	1.35	1.26
增重 24 千克耗料（千克）	32.4	30.24
饲料价格（元/吨）	5 000	5 000
增重 24 千克饲料费（元）	162	151.2
相对恒温节省费用	10.8 元/头（6～30 千克）	

$$600 \times 2.2\,胎 \times 10\,头 = 13\,200\,头 \times 10.8\,元/头 = 142\,560\,元$$

河南省知名养猪专家、郑州牧专关有堂教授说，保育舍内温差变幅超过2℃，将会影响仔猪的生产性能。猪场老板一定要引起注意！

昼夜温差较大会使猪群发生冷应激。严重的冷应激不但会诱发猪流感等呼吸道疾病，而且对曾经发生过非瘟的猪场，还可能会诱发非瘟（仇华吉，2019）。所以，做好冬春季节的防寒保暖工作，在春夏之交、秋冬季节变换之际控制好昼夜温差，是猪场安全生产的重要条件。

养猪专家已对猪的最适温度范围作出了结论，可是温差与养猪生产的关系并未引起重视。

一、时温差（昼夜差）

即24小时内最高气温与最低气温之差，时温差与地区和季节不同有很大差别，一般在8～12℃。当昼夜温差超过8℃时，猪群可能出现异常生理变化，高温时部分猪只食欲减退、便秘、发热等，低温仔猪可能出现腹泻，育成猪出现咳嗽等症状。

调整时温差是每一天都要做的最具体的工作。

二、日温差

日平均气温隔日超过5℃时，无论升温，还是降温都会引起猪的异常。日温差大多是猪最难适应的气候环境，必需注意天气预报，利用调温措施适时降温和做好保温工作。

三、季节温差

季节温差是显性的，冬、夏季分别可出现0℃以下或39℃以上气温，过高或过低温度对猪的生长带来较大影响，主要是降低日增重和饲料报酬。而影响比较严重的是秋冬季节交换时，温度不稳定，变化幅度大。温差大造成猪只疾病的发生和生理不适应的多方面影响。然而，很多养猪老板并不知道这些！

传统对季节温度的认识是有错误的，如口头语"冬天保温，夏天降温"，其实每季天气变化是渐进性过渡和反复性变化的过程。对猪的生理适应性来说，每季都必须经过不适应过渡到相对适应的过程，必须认识到夏天有冷，冬天有热的时候。

动物生理适应不全是高温与低温反应，是温度变化的幅度和速度，往往有些猪场忽视了夏季天气突变和仔猪下半夜保温（尤其是山区），造成仔猪腹泻，且因没注意到温差问题的存在，也就不会考虑加强保温措施。在引起腹泻的原因不排除的情况下，治疗措施是无效的。

四、室内外温差

室内和室外的温度差数与猪舍的设计、建筑材料的性能有密切的关系。如栏舍空间大小，屋顶高度，瓦面材料的隔温性能，有无天花板，立墙的通风和封闭程度，调节通风，保温的设施和附属设备的管理。这里着重对设备管理提一些建议（表 4-5）。

表 4-5　每日温度管理

时间	温度变化	采用管理措施
0-6 时	最低温期	着重做好保温工作
6-10 时	低—中温期	分步做好通风工作
10-16 时	高温期	着重做好通风降温工作
16-20 时	中低温期	分步做好保温工作
20-24 时	中低温期	做好保温工作

　　传统做法是饲养员上班时全面打开窗户或解除其他保温物（如关掉保温灯），下班时全面封闭猪舍，启动保温设施，造成人为的温度突变。这便是猪夜间发病和育成猪烦热滚睡大便，影响生产效益又未引起重视的原因。

　　五、部位温差

　　猪舍内部位的温度是不同的，两头与中间有差别，从地面至顶部由低温向高温发展。温度运动规律是热气上升，低温空气向高温处移动，不断进行补充形成风速。猪舍应根据这一原理进行设计。

　　传统采取 1 米以上中部开窗的办法是违反规律的，因猪是睡地动物，开窗的目的是让猪通风降温和排除地面废气，应该尽量把通风窗开至地面（图 4-105、图 4-106）。高床分娩舍、保育舍，目前许多猪场采用地沟式排污，大大增加了废气、湿气的产生和存积，建议地面应浮高并以 PVC 管暗道排污。屋顶部一般都存积大量热气、废气和湿气，建议设适量天窗加强通风，人为形成自下而上的自然通风和换气。

图 4-105　中部开窗　　　　　　图 4-106　地面开窗

对室内温度实行渐进性分步的管理，对分娩舍、保育舍有特别的意义，当猪场仔猪发生腹泻、拉黄、白痢时，务必注意近日天气变化情况和保温设施是否灵活，合理应用。特别提示：如果温差问题未解决，药物治疗措施将是无力的。

六、体内外温差

猪体温度与外界温度差别以晨间最明显。晨间是一天中温度最低的时刻，猪从皮肤和呼吸系统突然接触冷空气时即引起畏冷、打喷嚏等症状，抵抗力下降而易诱发疾病。需要引起注意的是这种温差都是管理人员人为造成的，尤其是饲养员早晨上班打扫卫生时大量用水冲洗猪体，从而诱发猪只生病，造成有形和无形的损失。

七、调控温差的方法

认识了调控温差与牲畜生长的关系后，必须采取综合技术予以调控。

1. 加强对温差重要性的认识。

2. 掌握温差科学，以调控温差 5℃为目标要求设计猪场。

3. 建议采用卷帘和正压调温技术。

4. 严格、认真、灵活地对调温设施进行管理。

温差存在多个方面，除人力无法改变的大气候外，调控局部温差无论在设计上还是在管理上必须高度重视。研究表明，如果能人为地将温差控制在 5℃的范围内，猪群将非常稳定，发挥最佳生产效益。

第 2 节　管保暖——做好防寒保暖，确保冬春季安全生产

冬春季节天气寒冷，是非瘟及其他重大疫病的高发期。认真做好防寒保暖对确保北方猪场安全生产特别重要。保温设施经过多年发展已经更新换代多次，但是要取得良好的保温效果，不仅仅是设备的问题，还需要在猪舍建筑上讲究科学合理。

提高猪舍温度必须综合考虑，工艺设施取决于猪场规模、性质以及饲养猪年龄阶段和性质。但无论如何，都必须采取措施提高冬季猪舍温度，为提高生产成绩创造条件。

对于许多传染病来说，如果没有饲养管理恶劣的因素存在，就不会加重病情。腹泻、地方性肺炎、生长参差不齐和仔猪断奶后生长不良等问题可以是传染病的结果，但更是经常性拥挤、饮水不足、气温和通风管理不当（在全封闭式管理的猪舍冬季更为严重）等因素的结果。在许多情况下，解决这些问题是不能依赖抗生素和其他药物的。

需要注意的是，在密集型的规模养猪条件下，好的环境条件（主要是温度、通风、密度、干燥）是控制猪病发生的重要因素。

采用上下活动的保温板保温，随着仔猪年龄的增长，调节舍温（图 4-107、图 4-108）。对断奶后一周内的仔猪，一定要将舍内温度控制在 28 ~ 32℃（图 4-109），随着仔猪年龄增长，关闭保温灯（图 4-110），为猪群提供适宜环境温度（表 4-6）。

图 4-107　泰国猪场

图 4-108　泰国猪场

图 4-109　泰国猪场

图 4-110　泰国猪场

表 4-6　泰国 1 700 头母猪场保育舍环境温度及通风换气的控制方案

周龄	适当温度（℃）	排气量（立方米/秒）	开风机数	早上温度（℃）	最高温度（℃）	最低温度（℃）	控箱温度（℃）
3	33 ~ 34	0.5	2	29	31	29	29.8
4	32 ~ 33	0.5	2	26	29	24	26.8
5	31 ~ 32	1	2	26	29	24	25.9
6	30 ~ 31	1	2	29	29	26	28.6
7	29 ~ 30	2.14	2	28	29	29	28.5
8	28 ~ 29	2.14	2	29	29	28	29.1
9	27 ~ 28	2.14	2	29	29	28	

正因为高密度饲养的情况下，环境控制对现代养猪的成功太重要了。所以，正大集团在养猪方面提出了"人养设备、设备养猪、猪养人"的先进理念。

因地制宜，做好冬春季节环境控制的相关措施如下。

一、冬季产房使用新型热风炉 + 保温箱 + 红外线灯 + 电热垫对产房、保育舍保温，效果很好（图 4-111、图 4-112）

图 4-111　热风炉保暖　　　　　　　图 4-112　电热板 + 红外线灯保暖

二、冬季产房内搭建的"屋中屋"，对断奶未转走的小猪实用（图 4-113、图 4-114）

图 4-113　屋中屋　　　　　　　　　图 4-114　屋中屋

三、做好保育舍保温工作，对确保断奶猪健康生长非常关键

刚断奶仔猪对冷非常敏感，相对于体重而言，仔猪自身的体表面积大，热量损失非常快，而其皮薄毛稀自身的保温能力很差，仔猪转群到保育舍前一周的温度要达到 30℃，给仔猪提供舒适的生存环境。在猪场硬件不完善以及寒冷季节，怎么应对猪仔所需要的生长条件必须考虑。搭建"屋中屋"简易、经济、安全。

（一）有条件的猪场，冬季保育舍使用新型热风炉 + 红外线灯 + 电热垫保温（图 4-115、图 4-116），效果很好，使用大功率的燃气炉保温效果更好

图 4-115　红外线灯保温　　　　图 4-116　随猪年龄增加逐渐关掉保温灯

（二）对设备条件较差的保育舍，在舍内搭建"屋中屋"，可提高舍温，对保育猪健康生长非常有利（图 4-117 至图 4-120）

　　搭建的"屋中屋"覆盖栏位的前半部分，拱形的搭建能够在局部储存热量（图 4-118），从通风口进的冷风不会直接吹到猪身上（图 4-120），舍内的空气质量也可保持在良好的状态下。

图 4-117　拱形屋中屋　　　　　　图 4-118　拱形屋中屋

图 4-119　育舍屋中屋内温度为 30℃　　　图 4-120　拱形屋中屋

四、秋、冬变换季节温差变幅大，育肥前期猪舍因无保温设备，可用稻草对从保育舍转入的仔猪只保温（图 4-121），防止温差较大，诱发猪病

五、冬季育肥舍多数猪场无保温设备，可搭建"屋中屋"为育肥猪保温（图 4-122）

图 4-121　在猪床铺稻草保温

图 4-122　育肥舍搭建"屋中屋"

六、非瘟最容易攻击怀孕母猪，寒冷季节务必做好对怀孕舍的保温工作，确保这类猪舍温度适宜（图 4-123、图 4-124）

图 4-123　运动舍孕猪煤炉保温

图 4-124　定位栏孕猪煤炉保温

第 3 节　管降温——做好防暑降温，确保夏季安全生产

夏季气候炎热潮湿，容易造成猪群采食量减少，饲料报酬率降低，种猪生产性能下降，母猪分娩率和产仔数减少，育成猪生长速度缓慢，同时由于夏季高

温高湿的严重应激，会降低猪群整体免疫力，从而导致一些细菌性、部分病毒性和某些寄生虫疾病的发生与流行。如果诱发非瘟，就会造成不可估量的损失。因此，夏季对猪群要特别注意防暑降温，加强科学的饲养管理，以减少夏季常见疫病的发生。

从常理看，细菌性疾病多在夏季发生，而病毒性疾病多在冬春季发生。但夏季湿热，寄生虫、老鼠、蚊蝇泛滥，杂草丛生、鸟类繁多，有助于非瘟病毒的传播和蔓延。根据俄罗斯和中国 2019 年非瘟防控经验，5—8 月是非瘟高发时期；欧盟、拉脱维亚、波兰的疫情均是从 5 月开始加速，7 月达到高发的顶峰。猪场老板应对此引起高度重视。

一、夏季猪病发生和流行的原因

（一）饲养环境差

在密闭的猪舍内饲养的猪只，由于通风不良，造成有害气体严重超标。如果湿度过高，则为一些条件性致病菌创造良好的条件，使之大量繁殖，造成大量猪只得病。对于在开放或半开放猪舍饲养的猪只，过热的环境温度同样不利于其生长发育。所以，应创造良好的饲养环境，如猪舍内要阳光充足，通风良好，冬暖夏凉，排风通畅等。另外，良好的饲养管理还可使猪只健康生长，防止各种传染病的发生。

（二）饲料变质

夏季气候潮湿，不利于饲料的保存，易发生霉变腐败，若饲喂了这些饲料，则可导致猪的免疫功能下降，使各种致病性微生物乘虚而入，特别容易发生中毒病，应予以重视。许多资料表明，霉菌毒素是造成 2006 年夏季"猪高热病"发生的元凶之一。

（三）气候变化大

夏季气温高，湿度大，天气剧变。这些因素有利于某些病原微生物（尤其是使细菌的繁殖能力大大加强，导致病毒性疾病发生后的继发感染严重，从而使发病猪只大量死亡）的繁殖，成为夏季流行病学的重要诱因，而使一些猪只的抵抗力降低，造成某些传染病的感染，以致死亡。

（四）轻视消毒工作

对于许多猪场来说，猪场老板往往对冬春季节的疫病防控工作非常重视，而忽视夏季消毒灭源这一重要环节。要么不消毒，要么减少消毒次数，不重视消毒工作成为夏季流行病发生的另一重要因素。

（五）人为因素

对猪场来说，许多老板对冬季疫病防控工作要求很严，措施执行得非常到位，但对夏季的疫病防控管理相对较弱，如工作服和鞋可以不换就进入生产区、病死猪处理后的消毒工作执行不到位（尤其是在汛期阴雨连绵时更是如此）、对饲料发生霉变没有引起重视等，都会导致疫病发生。

夏季防暑降温措施不力，猪群遭受严重的热应激而导致猪病发生和流行，从而带来了严重的经济损失。因此，猪场夏季认真做好防暑降温工作，是确保安全生产的重要措施。

二、夏季高温对养猪生产的不利影响

生产实践表明，夏季高温对养猪生产的不良后果（图 4-125）。

1. 后备母猪的第一次发情时间将平均延迟 22 天左右。

2. 生产母猪的配种率将下降 25～15%。

3. 导致母猪的产仔数减少 20% 左右及怀孕 100 天后的产死胎数量大大增加。

4. 因气候炎热导致育肥猪出栏时间平均延迟 10～15 天。

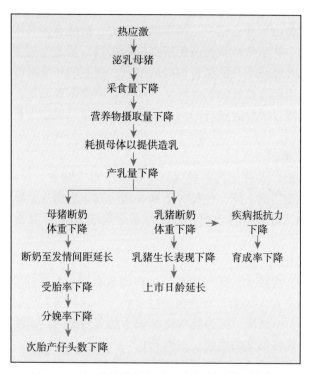

图 4-125　热应激对泌乳母猪生产性能的影响

三、夏季防暑降温相关措施

（一）保持适当通风，降低猪群体感温度

猪舍内空气流通即可使猪只保持凉快，也可维持较健康的环境，尤其是高温潮湿的夏季里，若要提高淋浴的降温效果就应加强通风。

因争斗、环境变化、断奶应激、转群等应激因素，会导致猪的免疫力低下，一次严重的应激会导致免疫力低下持续达 20 日之久。

表 4-7　热量指数对猪健康状况的影响（郑贤圭，2015）

热量指数（温度 × 湿度）	
热量指数	影　　响
2 300 以上	热射病，导致死亡
1 800 ～ 2 300	疾病发生、张口呼吸，降温措施
1 300 ～ 1 800	感觉热应激，体感炎热
900 ～ 1 300	舒适
500 ～ 900	微冷，感觉凉意
300 ～ 500	需要保温措施，疾病易感
300 以下	无法维持体温，猪发病

表 4-8　不同季节的饮水量（郑贤圭，2015）

	各季节饮水量		
	春季	夏季	冬季
饲料采食量对应的饮水量	3 倍	4 ～ 6 倍	2 倍

1. 在保育和生长育肥舍安装吊扇降温

为猪提供流经其身体的足够的空气流速，把空气向下吹到猪体，每隔 10 米安装一个。同时，向猪舍地面、墙壁处喷洒冷水降温。据测定，高温酷热期间每日喷冷水 3 ～ 4 次，每次 2 ～ 3 分钟，可降低舍温 3 ～ 4℃，降温效果较明显。

2. 在怀孕舍运用纵向湿帘降温系统

即在猪舍的一端装有几台大型抽风扇，而在猪舍的另一端安装水帘，湿空气从一端进入，以高速沿猪舍长轴流动，犹如气流穿越隧道一样。当这种气流穿越猪舍长轴时，它带走了热量、湿气和污染物，从而达到降温目的。但纵向降温系统只对无分隔间且任何横断猪舍的隔栏均应用栅栏制作的猪舍最适用（图 4-126），如有实墙隔栏（图 4-127），则效果不好。

图 4-126　栅栏通风降温效果好

图 4-127　实墙通风降温效果不佳

使用水帘降温时，水帘外侧和水帘蓄水池上面要加防晒板（彩钢瓦），避免阳光直射导致循环水温过高，影响水帘降温效果（图4-128、图4-129）

图4-128　水帘要避免阳光直射

图4-129　水帘、蓄水池上面加防晒板

一些猪场的水帘降温效果差的原因：一是未按环境控制标准增加水帘面积；二是猪舍过长，水帘面积需求大，山墙装不下，在侧墙靠近水帘墙的位置加装水帘；三是猪舍结构导致无法加装水帘，安装冷风机；四是水帘没有遮阳，暴露在阳光直射下导致水温升高，降温效果差（图4-128）。

猪舍风机降温效果差的改进措施：一是按环境控制标准安装对应数量和规格的风机（图4-130）；二是测风仪测出风速不够的要检查维修，更换标准风机或增加数量；三是猪舍过长风速不达标的，猪舍中间要加装风筒风机（图4-131）。

图4-130　按环境控制标准安装风机

图4-131　红圈为加装风筒风机

3. 对泌乳母猪采取鼻部通风措施

对产房泌乳母猪采取的降温措施，应考虑哺乳仔猪的保温问题，不能采用安装大功率吊扇和纵向湿帘降温系统（易潮湿）。只有对泌乳母猪采取鼻部通风措施（或滴水降温措施）使之保持凉快，通风管的一端安装制冷设备，管道（半径10厘米）悬于猪栏前端上方，每2立方米/分钟的风量将凉风送于泌乳母猪的鼻部，送风管口离猪愈近则效果愈佳（图4-132、图4-133）。研究表明，对产房母猪安装鼻部通风设备，可使猪体感温度降低5℃。

图 4-132　鼻部通风制冷设备

图 4-133　鼻部通风管道

（二）为泌乳母猪安装滴水降温系统

因容易溅及仔猪，泌乳栏内不宜喷水或洒水，改用颈背部滴水的方法，也可舒解母猪的热紧迫。即在猪颈部上方 50 厘米、距食槽 20 厘米处安装定时滴水管即可（图 4-134、图 4-135），颈部有大量的热血流过，颈部是猪降温的非常有效的部位。水滴必须要大，滴水速度应该是以保持猪的颈部湿润，却又不至于使过量的水流淌到地板上，至关重要的是多余的水应尽快自圈中排出（尤其是带仔的母猪圈）。长期潮湿的地板会导致疾病蔓延或使幼小的仔猪寒颤。

图 4-134　产房母猪安装滴水降温部位

图 4-135　猪场安装的滴水降温系统

（三）给公猪舍安装空调，降温效果好（图 4-136、图 4-137）

作为猪场精华的种公猪应该生活在清洁、干燥、舍内舒适，温度和空气质量能控制在合理范围内。成年公猪需要的适宜温度在 15 ～ 18℃，该温度可以确保其具有很强的生精能力。但在高温环境中，公猪饲养管理的特殊问题是热应激会严重影响精子的产生，也会影响公猪的性行为和性欲。鉴于公猪对高温的高度敏感性，很多猪场夏季都给公猪舍安装空调将舍温控制在适宜范围，以确保公猪液的优质。

常常可以看到，高温环境中的公猪只能勉强配种或有的根本不配种，而且热应激还有滞后效应，如果公猪在受到热应激以后的 2 ～ 6 周配种，那么公猪的配种成功率和与配母猪将来的产仔数都会降低。有鉴于此，一些猪场给公猪舍安装了空调，生产实践表明效果不错。

图4-136　公猪舍内安装空调

图4-137　公猪舍朝阳面搭设防晒网

（四）使用喷淋/滴水降温系统

有的猪场夏季在生长肥育猪舍、配种舍分别安装喷淋降温系统。当肥育猪舍气温在25℃，或配种舍气温达到23℃以上时，启动喷淋系统。操作时让喷水器开启仅约2～3分钟，接着关闭半个小时，任水蒸发。一个猪圈用一个喷淋器，置于离地面上方约1.75米处。位置放在能使多余的水容易排走的地方，如漏缝地板上面。对于每圈养10头猪的圈要用一个每分钟喷水1.7升的喷嘴，每圈20头猪，用每分钟喷水3.4升的喷嘴。喷淋降温系统与吊扇降温系统相结合（图4-138），效果更好。

图4-138　使用喷淋系统＋吊扇通风，可增强降温效果

（五）其他降温措施

1.采取措施避免阳光直射。一是在运动舍上方搭凉棚（图4-139）；二是在猪圈外种植葡萄、丝瓜等藤蔓类植物攀爬猪圈房顶，以利用绿色植被阻断烈日暴晒（图4-140）；三是在猪舍顶和外壁的朝阳面喷白色石灰（图4-141），以增强光的反射作用，减弱光热的吸收；四是在气温骤然升高的情况下，采取房顶喷水降温措施。

2.在猪舍房顶开天窗（图4-142）。尺寸为1.2米×1.0米，可封闭或开启，以增加空气对流，每20米一个。

3. 对猪舍前后影响通风的低矮树木（图 4-143），要进行处理，否则影响降温。

4. 公猪舍光照时间不能超过 12 小时，否则不利于精子的产生。夏季昼长夜短，要采取措施保持公猪舍有 12 小时的黑暗（图 4-144）。

5. 蚊蝇可传播非瘟等疾病，猪场应为怀孕母猪舍安装纱窗（图 4-145）。

图 4-139　运动舍上方搭凉棚

图 4-140　绿植遮阴

图 4-141　阳面喷白色石灰

图 4-142　猪舍开天窗

图 4-143　树木影响通风

图 4-144　保持公猪舍黑暗

图 4-145　猪舍安纱窗，防蚊蝇及鸟类进入

四、泰国猪场夏季防暑降温措施（2011年6月拍摄于泰国猪场）

（一）空怀配种舍、怀孕舍

主要用排风扇 + 水帘降温（图4-146至图4-151）。

1. 舍内温度低于22℃时，不低于40%的风机开启：按照温度实际情况掌握风机开启时间，要注意保温。

2. 舍内温度在23～24℃时，40%～70%的风机开启。

3. 舍内温度在25～26℃时，100%的风机开启。

4. 舍内温度27℃时，100%的风机开启，打开水帘降温。

5. 舍内温度达28℃以上时，100%的风机开启，打开水帘降温，同时打开喷雾降温设备。

图4-146　猪舍7个风机编号

图4-147　猪舍安装的7个风机

图4-148　用水帘遮阳，防止水温升高

图4-149　水帘朝阳，无遮阳设备

图4-150　密封猪舍确保水帘降温效果

图4-151　舍温28℃以上开启水帘
通风 + 喷雾设备

注意：舍内达 28℃ 以上、相对湿度超过 80% 时，单独用风机降温，关闭水帘，及时将湿热空气排出，减少高温高湿对猪的危害。

（二）产房

当舍内风速达到每秒 1.5 米时，猪的体感温度将会下降 10℃（表 4-9）。可见，夏季加强猪舍通风，对降低热应激是多么的重要。

表 4-9　风速影响猪体感温度的变化

风速（米/秒）	猪体感温度变化
0.20	− 4℃
0.50	− 6℃
1.50	− 10℃

泰国猪场夏季对产房降温主要使用风机 + 水帘（图 4-152）及滴水降温设备（图 4-153）。考虑到产房乳猪需要保温，他们在对泌乳母猪采取上述降温措施的同时，还在产房使用红外线灯 + 保温箱设备（图 4-154）。

图 4-152　产房风速之大可把报表刮起

图 4-153　母猪舍安装滴水降温系统

图 4-154　产房保温设备

图 4-155　能上下活动、可调节的保温板

（三）保育舍

鉴于断奶保育猪在整个保育期内，对猪舍环境温度有严格的要求，所以泰国猪场对断奶保育猪以保温为主，使用上下活动且可调节的保温板＋红外线灯对保育猪保温（图4-155），随着仔猪年龄的增长，调节舍内温度（图4-156、图4-157），直至保育期结束。

图 4-156　刚断奶猪的舍温控制在 32℃　　　图 4-157　随仔猪日龄增长关闭保温灯

（四）生长育肥舍

1. 对 9～10 周龄的猪：舍温 20～22℃时开 40% 风机，水帘作防风处理；24～26℃时开 40% 风机；28℃开 75% 风机；30℃以上时开 100% 风机，水帘。

2. 对 11～14 周龄的猪：舍温 20～22℃时开 40% 风机，水帘作防风处理；24～26℃时开 75% 风机；28℃以上时开 100% 风机，水帘。

3. 对 15～20 周龄的猪：舍温 20～22℃时开 40% 风机，水帘作防风处理；24～26℃时开 75% 风机；28℃以上时开 100% 风机，水帘。

4. 对 21 周龄以上的猪：舍温 20～22℃时开 40% 风机，水帘作防风处理；24℃时开 75% 风机；26℃时开 100% 风机；28℃以上时开 100% 风机，水帘。

检查猪舍环境温度时，看猪的行为状况是否舒适。

（1）温度过低时，猪卧在腿上，减少与地面接触；

（2）温度过高，猪分散睡，玩水，喘气，猪体很脏；

（3）温度适宜时，猪躺卧均匀。

五、夏季高温环境下，要想方设法供给猪充足的饮水

（一）夏季炎热，如果猪舍温度严重超过适宜温度，就会导致采食量大幅下降，特别是哺乳母猪。如果想提高哺乳期母猪的采食量，就应给它们提供足够的饮水

一头哺乳期母猪每天需要 32～40 升清洁水，其饮水器流量控制在 2 升/分钟，如果不延长饮水时间，而水流量忽大忽小或饮水器安装位置有误时（图4-158），母猪的饮水会受到很大限制，从而影响干饲料的采食。

有些猪场将饲料拌湿后喂猪，但湿拌料容易变质，应注意饲喂后及时清除（图4-159）。

图 4-158　饮水器位置过高　　　图 4-159　剩湿料易变质应及时清理

（二）高温下猪以蒸发散热为主，饮水量大增，应提供充足的饮水

在炎热气候条件下，猪损失水主要是通过呼吸道排出；猪产生渴感就会找水喝，少量饮水就足以暂时缓解渴感。如果饮水器出水率太低，猪就会产生挫折感而离开饮水器，饮水不足则可直接减少采食量。生产中有四个因素可影响猪的饮水量：

一是圈内饮水槽位不足，对猪在热应激期间的行为进行简单的观察就可弄清猪的饮水槽位是否足够；

二是乳头状饮水器的出水率不足；

三是饮水器的位置安装得不是太高就是太低，使猪不能正常饮水而产生挫折感；

四是水槽内有粪便污染，猪不愿意饮水。

值得注意的是，刚断奶时，一些断奶仔猪对自动饮水器不习惯，因而在炎热的环境中很容易脱水，让刚断奶的猪尽快找到饮水器是很重要的。为此，应在断奶头几天内调节饮水器，使其自然滴水（图 4-160）。将饮水器安在猪肩部上方 5 厘米处，以便让猪必须抬头喝水。使用可调节饮水器是很有用的，它可根据圈舍中猪的大小来调节高低。要每天检查饮水器，确保不堵塞。

夏季炎热，饲料容易霉变，要及时刷洗食槽，保持食槽卫生干净（图 4-161）。

图 4-160　对仔猪使用的碗式饮水器　　　图 4-161　夏季要保持食槽卫生

第12章　建立非瘟监测预警系统

　　鉴于非瘟对猪场可造成致命性打击的严重危害及其具有在猪场发生后能扎根、反复发作的发病流行特性，在猪场建立一套有针对性的非瘟防控监测预警系统，对确保猪场安全非常重要。

第1节　非瘟常态化下猪场生物安全防范系统的升级

　　目前已知非瘟是通过接触传播的。危险点为易感猪群、精液、车辆、人员、物资（饲料、疫苗、兽药、耗材）、传播媒介（老鼠、鸟类、蚊蝇、猫狗、软蜱）、水源及雨水（水系发达地区）。针对以上生物安全关键点，新的猪场生物安全防范体系如下：

　　1. 在猪场1千米以外建立独立的销售—洗—消—烘干中心，需要外售的猪只提前24小时使用内部车辆运输至销售中心的待售舍，场内一切物质，车辆、人员不与外界拉猪车同时出现。每次卖猪后，都要对内部人员、场地、装猪台等进行彻底的清洗消毒，特别是对内部运猪车还要执行严格的清洗—消毒—高温烘干程序。

　　2. 对外购袋装饲料采取中转或直接用散装料车将饲料隔着猪场围墙，直接打入院墙内的饲料储存料塔内，杜绝以前采取的外来拉料车直接将饲料送进猪场料库的做法。要配合实验室检测，确保饲料及送料车的安全。

　　3. 在猪场外部、猪场大门口、猪场生产区门口各建一个人员淋浴洗澡消毒间，所有人员进入猪场必须进行3次洗澡消毒。人员在进入生产区前必须在猪场外部和猪场生活区内各隔离2天2夜。在生产区内工作的人员，每天必须在生产区门口的淋浴消毒间淋浴消毒一次，并穿生产区配备的干净的工作服和鞋方可入内。

　　4. 禁止高风险（如菜市场）采购蔬菜等食材进场，有条件的猪场可开辟专门地块，由专人负责种植蔬菜，需要外购的食品，必须经过严格的熏蒸消毒方可进场。为防止外来食材携带非瘟病毒进场，应将猪场的职工食堂挪在猪场外面，将制作好的熟食送入猪场。

　　5. 场内禁止任何形式饲养动物，做好灭鼠和防鸟工作，一些有实力的养猪企业为猪舍安装了防鸟网及预防防老鼠等小动物的光滑彩钢板；定期清理场内垃圾和杂草，使用药物定期杀灭媒介昆虫，尽量避免生猪与媒介昆虫的接触。

　　6. 饮水消毒。猪场水源定期添加有效消毒剂进行消毒，一般使用漂白粉或其他氯制剂，并定期从取水口和出水口采集水样进行猪场水源的理化指标、生化指标和病毒的检测以评估水源的生物安全风险。

7. 猪场的无害化处理池、生物坑、储存死猪的冰库及粪场等，均应建在猪场围墙之内、生产区之外。生产区内的病死猪及粪便要通过内部专用车辆运至生产区外。

第 2 节　非瘟监测预警系统在猪场的应用

非瘟主要通过接触传播的途径感染易感猪只，因此，对于与猪群直接接触的人员、车辆、饲料、饮水、物资是否被非瘟病毒污染的检测就显得尤为重要。可通过使用先进的非瘟实验室检测手段对疑似样品、常规样品进行唾液、血液检测（图 4-162、图 4-163），以防微杜渐。

图 4-162　驻马店天中后羿农牧公司非瘟检测实验室

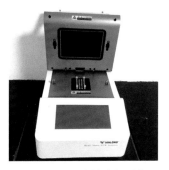

图 4-163　PCR 高精度检测仪

目前，一些有实力的养猪企业，根据非瘟潜伏期 21 天左右、在猪发生拱料不吃、临床症状出现前未对外排毒的特点，通过实验室连续进行检测，本着"宁可错杀一千、也不放过一个"的原则，抓紧将非瘟可疑猪精准清除，为确保安全生产，减少损失提供了非常宝贵的经验。

一、无临床症状猪群的日常监测

每月对不同类型的猪群采集样品检测，如出现阳性样品，重复检测确认后，应立即做无害化处理。

（一）保育、育肥区非瘟采样及阳性猪清除

1. 采样检测。以每个栏为单位全覆盖采样，使用无菌纱布对栏杆、料槽边、水嘴、排泄区采样，使用棉签对口鼻、肛门进行采样，一个栏位 1 个样品（在一个栏采集的上述样品，最后放在一起合并为 1 个检测样，这样操作可大幅降低检测费用）。风机、墙壁、栋内走道、休息室、饲料袋、舍内工具等环境样，各采 1 个样品检测。

2. 阳性栏处理。确定阳性栏后，该栏及其前后左右相邻的栏（过道或墙是屏障），整栏猪清除作无害化处理。

3. 杀毒。对清空后的栏先火焰消毒，再使用 1∶150 卫可消毒。

（二）母猪区非瘟采样及阳性猪清除

1. 采样。以每个定位栏、产床为单位全覆盖采样，使用无菌纱布对栏杆、料槽边、水嘴、排泄区采样，使用棉签对口鼻、肛门进行采样。一个栏位的上述样品合并为 1 个样品检测。地面、风机、墙壁环境样单独采样检测。

2. 阳性栏处理。确定阳性栏后，母猪（产房含仔猪）直接无污染清除，作无害化处理。

3. 杀毒。对清空后的栏位先火焰消毒，再使用 1∶150 卫可消毒。

二、疑似非瘟症状的样品采集

（一）猪场发生的疑似非瘟猪症状如下：

1. 初期。懒散、精神沉郁、目光呆滞、厌食（图 4-164）；

2. 前期。皮肤泛红、体温 40 ～ 41℃；

3. 中期。皮肤潮红（图 4-165）、呼吸急促、耳缘发绀（图 4-166）；

4. 后期。喜卧（图 4-167）、驱赶不动、后肢/腹部发红、耳朵发绀、死亡。

图 4-164　不吃

图 4-165　潮红

图 4-166　耳朵发绀

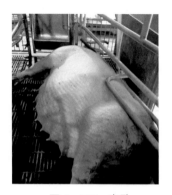
图 4-167　喜卧

（二）疑似非瘟症状的样品采集

猪场一旦发生上述疑似非瘟症状的猪，应立即隔离该栋舍猪群，限制其他猪群移动、封场，禁止猪场所有人员外出，采集病猪血液样品检测，禁止在猪场内部解剖病猪。疑似猪的采样方法如图 4-168 至图 4-171。

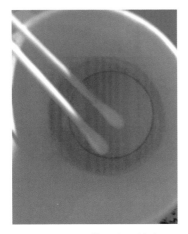

图 4-168　蘸取生理盐水

图 4-169　口鼻采样

图 4-170　肛门采样

图 4-171　采血

三、与非瘟有关的相关项目采样检测

（一）样品的采集

1.确实需要引进后备猪，应建单独的隔离舍。引进种猪自隔离之日起及 30 日后，分别采集血液样本及环境样本进行进行检测。检测阴性方可进入生产区后备隔离舍。

2.饲料样品。每批次样品留样，进行检测，阳性批次弃用，做无害化处理。

3. 车辆样品（表4–10）。

表4-10　车辆采样

样品编号	车辆部位	车辆采样点	
		运猪车	料罐车
1	车厢内侧壁	★	—
2	车体外表面	★	★
3	车厢内最下一层底面	★	—
4	车轮	★	★
5	引擎盖（车头）	★	★
6	底盘	★	★
7	进入驾驶箱踏板	★	★

注：①编号1～3为车辆洗消完后必须采样位置，编号4～6为增加采样位置，评估洗消效果；②车辆类型不同，采样部位及采样点不同，采样需按照对应样品编号采样、记录。★采样　—：可不采。

（二）样品处理方法（表4–11）

表4-11　样品处理方法

样品类型	处理方法
病料	病料，加适量PBS液，充分研磨，离心取上清，提取核酸
血液	直接离心，分离血清，取200微升备用
唾液	以栏为单位收集唾液，离心，取上清液
饲料	加适量PBS液，充分研磨，离心取上清，提取核酸
肛拭子	在肛拭子中加入适量PBS，旋涡振荡，离心取上清，提取核酸

第3节　开展非瘟病毒环境检测确保猪场安全

对非瘟发生后的猪场来说，不做环境非瘟病毒检测，继续生产就是在赌博；对未发生非瘟的猪场来说，通过开展环境非瘟病毒检测，可对本场是否感染非瘟病毒，做到心中有数。因此，猪场开展对环境非瘟病毒的检测工作，对确保安全生产至关重要。环境拭纸多点采样的做法如下。

一、猪舍内

1. 走（过道）：猪舍入口处 + 过道中不易清洗处 + 凹凸不平处采样；

2. 猪栏地面：栏内四角和中央位置共 5 个点（包括采样点的地板缝隙）；

3. 猪栏栏杆：栏杆底部不易清洗处采样；

4. 料槽、水槽：包括底部凹处不易清洁点，饲料下料口处、水嘴采样；

5. 风机：多个出风口风机采样；

6. 水帘：选取靠猪或赶猪通道较近的水帘采样；

7. 墙壁：选取靠猪或赶猪较近的，以及有破损处、清洗死角之处采样；

8. 生产工具：还没有丢掉的铁锹、扫把、赶猪挡板等处采样；

9. 走廊温控器：表面及内部人员可触碰的点采样；

10. 粪沟：粪沟四角和中央共 5 个点采样。

二、猪舍外

1. 赶猪道/猪道：赶猪道地面及两侧壁不易清洁处采样；

2. 赶猪道/人道：人走过道地面及两侧壁不易清洁处采样；

3. 场区道路：选取场内净道污道交叉处采样；

4. 场内卡/铲车：驾驶室脚踏板、上车脚踏板、轮胎、底盘、车厢四个角、车厢后挡板，铲斗正面及背面采样；

5. 猪只处死点：周边地面、墙壁及设备采样；

6. 场内掩埋点：掩埋点及周边多点采集少量没有沾到生石灰的土壤，加样品保护液离心取上清液做检测。

三、出猪台

分别在脏、净区交界处的侧壁、地面采样；赶猪工具、挡板采样。

四、药房仓库

地面采样，药品架表面采样。

五、水源储藏处

水井、河水或其他水源处分别取 1 毫升样品到样品保护液中。

六、猪场大门口/生产区门口的淋浴消毒间

分别在淋浴消毒间的脏区、净区入口的地面、衣橱柜、换鞋处采样。

七、生产区人员

手、头发拭子刮取采样；衣：还没有清洗或清洗不干净的衣服采样；鞋子底部采样。

八、办公室

地面、桌面采样。

九、停车场

地面采样、与轮胎接触的地面采样。

十、门卫

消毒脚垫、换鞋处、人员登记处采样；物品消毒间堆叠物品处、架子、地板采样。

十一、大门口

在车辆入场处的路面采样。

十二、场门口公路

在猪场门口车辆（特别是拉猪车）频繁来往的路面上采样。

十三、消毒点

猪场生活区和生产区每轮清洗消毒和干燥后，应对各消毒区域进行采样检测，以验证每次的洗消效果。如果检测结果有阳性出现，应重新进行消毒检测，直至检测结果阴性。

第4节　近期非瘟发生新特征及健康母猪群打造

生产实践表明，非瘟多数情况下会首先攻击母猪，一旦发病会造成很大损失。对发生过非瘟的猪场来说，要确保生产持续稳定的局面，任重而道远，不能掉以轻心。

非瘟对我们来说是个新课题，令人防不胜防，不是不小心就感染了非瘟，而是小心小心再小心，还可能会感染。只有把导致非瘟发生的各种因素都要考虑到，想方设法去解决才是上策。在非瘟常态化下，今后猪场时而点发或小面积发生非瘟，应该是正常现象，猪场老板要有思想准备。当有发生非瘟苗头时，要按"早、快、严、小"的处置原则，迅速将其控制在萌芽状态、不让其扩散传播，能将损失降到最低就是胜利。

一、常态化下非瘟发生的新特征

非瘟在我国发生和流行一年多来，猪群的群体免疫学基础产生了根本性改变，非瘟流行特征和临床特点也发生了深刻的变化。

非瘟临床症状的五种类型（最急性型、急性型、亚急性型、慢性型、无症状感染型）均在我国出现，其中的无症状感染型出现的比例越来越高。

猪群首次发生非瘟之后，最急性型1天之内死亡；急性型1～3天之内死亡，亚急性型1周内死亡，慢性型在1个月内死亡，无症状感染型的存活时间通常超过1个月（随后不定期死亡）。

无症状感染也称为潜伏感染，是病毒高度适应猪群的成熟表现，这些猪群幸存下来之后，成为猪场的"定时炸弹"。

非瘟病毒成功潜伏感染猪群之后，猪群不出现任何临床症状，隐蔽性极强，大多躲藏在神经系统、淋巴结和腺体中。这些病毒伺机而动，猪群经常性出现间歇排毒现象，唾液中偶尔出现少量病毒，而血液检测则很难发现病毒。在这种情况下，环境中的病毒载量逐渐累积增加，尤其是在环境突变及母猪在发情配种、产仔过程、断奶前后等抗病力下降的情况下，猪群容易出现前 4 种临床类型（慢性型、亚急性型、急性型、最急性型），给生产造成较大的损失，让养猪管理人员措手不及。

发现潜伏感染猪的的最佳方法，是通过唾液学的核酸检测和血清学的抗体检测剔除阳性猪只，维持猪群的高度阴性状态。在清除非瘟无症状感染猪群方面，国家通过普检查找新冠肺炎无症状感染者的做法，值得猪场老板借鉴。

二、非瘟常态化下健康母猪群的打造

（一）尽量不从非瘟耐过母猪的后代中留种

目前，因缺合格的后备母猪，很多猪场不得不从发病后余下母猪的后代中留种，确实存在很大风险。因为这些后代母猪很可能成为无症状感染者，存在着伺机对外排毒的风险。这些母猪留种后，平时可能不会排毒，也不表现临床症状，但在遇到严重应激的情况下，如高温高湿、天气突然变冷、阴雨连绵、昼夜温差较大、转群、配种、产仔过程及产后几天、断奶过程等，都可诱发非瘟发生，使猪场发病。

（二）对母猪要全部检测，建立非瘟双阴性母猪群

为稳定生产、确保安全，应对库存的所有母猪进行抗原、抗体普检，以对整个母猪群的健康状况做到心中有数。

1. 不论抗原或抗体检测，一旦检测阳性母猪，不留种，要淘汰处理。

2. 对进行抗原、抗体普检后的双阴性母猪，要单独集中在严格消毒、环境检测为阴性的猪舍饲养，确保安全。

3. 双阴性母猪的饲养员要严格与阳性猪的饲养员隔开，饲养工具也不能串用。

4. 后备猪要从非瘟双阴性母猪群中选留，确保后备猪的健康、安全。

5. 对检测出的无症状阳性母猪，如果在缺乏合格母猪补充的情况下继续使用，应将其单独集中饲养，与双阴性猪严格分开饲养，单独配种、上产房，一旦发现有不吃食现象，要立即无害化处理。

6. 要想方设法为猪群提供适宜的生产环境，避免严重的忽冷、忽热及昼夜温差过大等应激发生。对母猪在配种、产仔及断奶过程中发生的应激，我们无法控制，一旦发现猪表现异常，要立即处理，以免其发病散毒。

总之，通过实验室连续不断地开展非瘟抗原、抗体检测，做到精准清除阳性母猪，建立稳定的非瘟抗原、抗体双阴性种猪群，是确保安全生产的关键，也是今后猪场努力的方向（本节部分内容据樊福好博士的讲座整理，特此致谢）。

第13章 猪场无害化处理的管控

对病死猪进行无害化处理，是消灭传染源、防止疫情扩散、进而确保猪场安全生产的关键一环，应引起高度重视。尤其是在目前非瘟严重的形势下，更应该重视对病死猪的无害化处理工作。

一、病死猪掩埋坑处理流程

1. 每天下午下班前由各栋负责人，用生产区专用运死猪车，将病死猪只统一送至病死猪集中点。

2. 通知生物安全专员，将病死猪转移至掩埋坑。

3. 生产区人员处理完病死猪，不得返回猪舍干活，要求洗澡、更衣，衣物及水鞋浸泡消毒（图4-172、图4-173）。

图4-172 工作服浸泡消毒　　　　图4-173 水鞋浸泡消毒

4. 生物安全专员对生产区病死猪集中点和拉猪通道彻底消毒。

5. 病死猪丢入掩埋坑并加入5%烧碱（图4-174），对坑周边消毒。

6. 拉病死猪的内部小推车要专车专用（图4-175），每次用完需对车辆、工具彻底清洗消毒、晾干，集中放置在猪场外围指定地点。

7. 生物安全专员处理完死猪，对水鞋和手进行清洗消毒（图4-176），由外围通道返回隔离区，洗澡、更衣，衣物浸泡消毒（图4-172）。

图4-174 死猪放入掩埋坑

8. 拉病死猪前，需对小推车彻底清洗、消毒、晾干后，才可进入病死猪集中点。

图 4-175　拉死猪的小推车消毒

图 4-176　水鞋消毒

二、病死猪冷冻处理流程

储存病死猪的冷库，要建在生产区之外，要与生产区严格隔开。没有无害化处理专员允许，任何人不得进入该区域（图 4-177）。

1. 每天下午下班前，由各栋负责人将病死猪只统一送至病死猪集中点。

2. 通知生物安全专员，用病死猪处理专车将病死猪转移至冰库。

3. 生产区人员处理完病死猪，不得返回猪舍干活，要求洗澡、更衣，衣物浸泡消毒。

4. 生物安全专员对生产区病死猪集中点和拉猪通道彻底消毒。

5. 内部向外转运病死猪的车要专车专用（图 4-178），每次用完需对车辆、工具彻底清洗消毒、晾干，集中放置在猪场外围指定点。

图 4-177　猪场储存病死猪的冰库应建在生产区外面　图 4-178　内部向外转运病死猪的车辆

6. 生物安全专员处理完死猪，对水鞋和手进行清洗消毒，由外围通道返回隔离区，洗澡、更衣，衣物浸泡消毒。

7. 拉病死猪前，需对车辆彻底清洗、消毒、晾干后，才可前往病死猪集中处理点。

8. 控制病死猪外运次数，每月最多一次。

9. 外部拉病死猪车辆不能进入猪场，由猪场内部专用密封车（图 4-178）将病死猪运至场外安全区域，与之对接、转猪。

10. 每次拉病死猪前，需对内部转运车辆进行彻底清洗消毒，驾驶室喷雾消毒，静置半小时后才能出发，到达冰库门口后再次对车辆清洗消毒，司机禁止下车。

11. 死猪装车由生物安全专员和外聘人员进行处理。

12. 参与装猪人员，在处理死猪之前必须更换隔离服和专用水鞋（图4-179）。

图4-179 内部装病死猪人员须穿隔离服

13. 处理完后，立即脱掉隔离服及水鞋，放入消毒水进行浸泡，并对冰库周边彻底消毒白化（图4-180）。

14. 生物安全专员处理完死猪，由外围通道返回隔离区，洗澡、更衣，衣物浸泡消毒。

15. 病死猪装完车后，由司机将车从冰库运至场外，在指定的安全区域由外聘装车人员将病死猪转至外来拉猪车即可。每次转猪完毕后，要对该专用车辆彻底进行清洗、消毒、停放在指定位置（图4-181）。

图4-180 对冰库周围消毒白化

图4-181 对内部转运病死猪车消毒

第14章 筑牢三道防线

研究发现：非瘟感染猪只的一滴血中，含有大量非瘟病毒，通过某些传播途径，可以使数万头健康猪只感染发病，甚至会导致猪场全军覆没。因此，在防控非瘟方面，猪场应严格做到"外防输入、内防扩散"。防非细节千万条，生物安全第一条。不同的猪场，虽然有不同的现实条件及各有各的打法和路数，但有一点是相通的，那就是通过查找非瘟发生的相关因素，想方设法通过升级生物安全体系，来确保猪场安全。

防控非瘟仅靠猪场员工自觉遵守各项规章制度是不行的。因为人性的一个很大弱点就是懒惰性，猪场饲养员每天不断重复做同样的工作，很容易产生惰性，而这些懒惰性常常会导致违规行为的发生，从而给猪场造成损失，甚至是致命的损失。因此，对一些关键性的疫病防控措施，无论制定的多么规范合理，实际工作中除了有严格的违规处罚规定外，还应该从设备条件上予以硬性弥补，以杜绝员工钻空子。例如，很多猪场规定员工进猪舍必须换胶鞋，且在舍门口的脚踏消毒盆中消毒后才能进舍（图 4-182、图 4-183）。但经常能观察到，有的员工在生产区拉料进猪舍、往粪场送粪后返回猪舍时，往往会发生不换胶鞋、甚至不脚踏消毒盆消毒就直接进猪舍的现象。这些违规行为有时是因为饲养员嫌频繁进出猪舍换鞋并在脚踏消毒盆内消毒太麻烦，久而久之就形成了习惯性动作，但有时也确实不是故意而为。但无论如何，如果这种违规行为不幸将非瘟病毒通过鞋底带入猪舍，就会给猪场造成灭顶之灾。再如，猪场通常都会在大门口、生产区门口设置淋浴消毒间，规定人员进入生活区、生产区必须经过淋浴消毒。但事实上很多人主观上是不愿意洗澡的，尤其是在寒冷的冬季。如果仅靠员工的自觉性，则这两道防线就可能形同虚设。如果将猪舍门口的脚踏消毒盆改为 5 米长、深 10 厘米、与舍内走道同宽的消毒池，并在里面装满 3% 的烧碱水（图 4-184、图 4-185），那么进入猪舍的人员不穿胶鞋、趟消毒水怎么进？如果在淋浴消毒间入口安装淋浴自动启动装置，而且该装置淋浴人自己不能控制时，他不经淋浴就不能进入时，他还会有不淋浴消毒的机会吗？没有这样的机会，非瘟病毒就进不了猪场，进不了猪舍。

图 4-182　猪舍门口放置胶鞋及脚踏消毒盆

图 4-183　猪舍门口脚踏消毒盆消毒效果差

图 4-184　猪舍门口消毒池

图 4-185　消毒池长度短，人员可直接跨越

对规模猪场来说，必须具备三道防线：一是把好猪场大门口及各对外出入口，防止外疫输入；二是把好生产区门口及其与生活区、料房、装猪台、粪污及病死猪处理区等出入口，目的是防止外疫输入及内防疫情扩散；三是把好猪舍门口，防止病原进入猪舍。认真把好这三道防线，对确保猪场安全至关重要。

一、第一道防线：把好猪场大门口及各对外出入口，防止外疫输入

1. 猪场大门及所有出入口均应上锁，钥匙由专人保管，不经领导批准，钥匙掌管者不能开门让人员进出猪场。

2. 在猪场大门口设淋浴消毒间，所有进猪场人员必须在此强制进行淋浴消毒，进场人员在场外穿的衣服和鞋，放在外更衣间，不能进入猪场生活区。电脑、手机、眼镜等物品，经臭氧消毒后可带入猪场。

3. 猪舍大门口设车辆消毒池，长度比车轮胎的周长多30厘米、宽度比车身宽30厘米、深度为25厘米。内装3%烧碱水，对进入猪场的车辆进行消毒（图4-186），如果能在消毒池上方安装车辆喷淋消毒装置，效果更好。

图4-186　猪场大门口消毒池　　　图4-187　生产区门口消毒房与生产区连接处设消毒池

二、第二道防线：把好生产区门口及其与生活区、料房、装猪台、粪污及病死猪处理区等出入口，防止外疫输入及内防疫情扩散（图4-187至图4-191）

1. 在生产区门口设淋浴消毒间，所有进生产区人员必须在此强制进行淋浴消毒，进生产区人员在生活区内穿的衣服和鞋，放在外更衣间，不能进入猪场生产区。电脑、手机、眼镜等物品，经臭氧消毒后可带入猪场。

2. 生产区门口同样应设内部小型车辆消毒池，长度比车轮胎的周长多30厘米、宽度比车身宽30厘米、深度为15～20厘米。内装3%烧碱水，对进入生产区的物料车进行消毒（图4-188）。

图 4-188　生产区门口设车辆消毒池

图 4-189　料房与生产区连接处设消毒池

图 4-190　粪场与生产区连接处设消毒池

图 4-191　装猪台与生产区连接处设消毒池

三、第三道防线：把好猪舍门口，防止病原进入猪舍

把好猪舍门口，是猪场疫病防控工作的最后一个关键环节。即在猪舍门口建了一个 5 米长、深 10 厘米、与过道同宽的消毒池（图 4-184），替代原来的脚踏消毒盆（图 4-183）。生产实践表明，猪舍门口建消毒池要比放置脚踏消毒盆，消毒效果要好的多。原因如下：

1. 可以避免人员进入猪舍的时候，漏踩脚踏消毒盆；

2. 消毒池的消毒水有一定的长度和深度，进舍人员在行走过程中，鞋底可以充分接触消毒药物，提高消毒的效果；

3. 拉饲料用的斗车不能用脚踏消毒盆消毒，人员在拉料过程中，也比较容易漏掉饲料车轮胎的消毒环节。而 5 米长、深 10 厘米的消毒池，差不多足够饲料车轮胎转 2 周。在饲料车进出猪舍的过程中，车轮胎可以充分接触消毒液，降低了给饲料车轮胎消毒的难度，提高了消毒效率；

4. 用消毒池代替目前使用的脚踏消毒盆，客观上杜绝了进猪舍人员偷懒、不愿意换胶鞋甚至不消毒就直接进猪舍的不良行为，筑牢了疫病防控的最后一道关键的防线。

值得注意的是，有的猪场在栋舍两端各开一个出入口，方便饲养员出入猪舍，在非瘟常态化的严峻形势下，该做法不可取。建议每栋猪舍最好留下一个出入口，封闭另一个，这样便于对进出猪舍的人员管控。

第15章 做好饲料霉菌毒素预防及饮水安全

非瘟在我国发生后，很多养猪老板对升级生物安全防范体系都很下劲儿，但对严重危害养猪生产的霉菌毒素，及如何确保饮水安全未引起足够重视。

一、霉菌毒素对猪的危害及对策

霉菌毒素作为危害猪群的"隐形杀手"，除对猪造成中毒和致死外，更重要的是破坏机体免疫系统和抵抗力降低，会造成更大的"不可见"损失。当猪的免疫力下降后，猪对非瘟、蓝耳病、仔猪腹泻等病毒及其他疾病更易感，如若使非瘟趁虚而入，猪场将面临灭顶之灾。

目前，对猪危害大的霉菌毒素有4个，即黄曲霉毒素、玉米赤霉烯酮、呕吐毒素、伏马毒素。

（一）霉菌毒素对猪的危害

1. 黄曲霉毒素

猪体内积蓄少量黄曲霉毒素时，会表现出猪生长发育缓慢、生产性能下降、免疫系统防御机能受到破坏等；当毒素积蓄到一定量后，猪就会产生急性中毒症状，表现为出血、便血、死亡等现象。黄曲霉毒素 B_1 能明显降低生长猪采食量，抑制猪的生长；母猪食入一定量黄曲霉毒素 B_1 后，可使所产仔猪出现死亡，或出现异常神经症状。

2. 玉米赤霉烯酮

玉米赤霉烯酮与雌二醇结构相似，对猪主要表现为生殖毒性。当饲料中玉米赤霉烯酮浓度为 100 ～ 200 微克/千克时，青年母猪中即可出现阴户红肿现象（图4-192），超过 200 ～ 500 微克/千克时，母猪群体中即可出现不同程度的假发情、阴户红肿等症状，超过 500 微克/千克以上时，整个猪群表现为全场性的假发情（图4-192）、脱肛（图4-193）、妊娠母猪流产（图4-194）、初生仔猪八字腿等繁殖障碍问题。

3. 呕吐毒素

呕吐毒素能引起猪呕吐，主要存在于玉米、玉米蛋白粉、玉米胚芽粕、小麦及其副产品（麦麸）中。呕吐毒素对猪具有免疫毒性、胚胎毒性及肠道毒性等，其中肠道毒性最有代表性。猪采食了含有呕吐毒素的饲料后，表现症状为采食量下降、共济失调、呕吐等症状（图4-195）。

图 4-192　阴户红肿　　　　　　　图 4-193　脱肛　　　　　　　图 4-194　母猪流产

4. 伏马毒素（烟曲霉毒素）

给猪饲喂伏马毒素浓度为 16 毫克/千克的饲料 4 ～ 7 天后，猪即出现肺水肿病（图 4-196）；连续给猪饲喂伏马毒素含量 5 毫克/千克的饲料 4 天后可使肝脏遭受损伤；给猪饲喂伏马毒素含量 10 毫克/千克的饲料 3 个月后，可使多个器官的血管通透性增加，导致心血管系统疾病（Marasas W F，1988）。

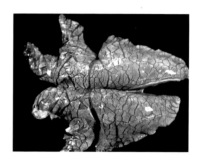

图 4-195　猪呕吐　　　　　　　　　　图 4-196　肺水肿

需要特别注意的是，在猪的饲料中，霉菌毒素是极少单一存在的，一般是上述两种或多种毒素同时存在。它们除有自身特殊的毒性之外，最主要的共同危害是抑制猪的免疫系统，引发各种损伤和猪病发生。当这些毒素同时存在时，其危害作用不仅仅是简单的毒性累加，而是存在协同作用。这也是近年来猪场发生蓝耳病、仔猪腹泻等不易控制的主要原因。一些受邀到猪场解决问题的专家，常采取剖猪＋实验室检测方式确定病因，但出具的防控方案效果不佳甚至无效的原因，是没有考虑到霉菌毒素这个隐形杀手的存在。

（二）我国猪饲料霉菌毒素管控标准

在 2017 年国家颁布新的饲料卫生标准中，对猪饲料中霉菌毒素的限量要求部分变得更为严格（表 4-12）。

此标准对猪场的饲料生产有一定的指导意义，但不能生搬硬套。因为霉菌毒素通常都是多种共存，产生的毒性有叠加效应。需根据原料质量情况制定合理的毒素限量标准。另外，从表 4-12 也可以看出，虽然购买的原料是符合饲料卫生标准，但做成猪饲料霉菌毒素就严重超标了。举个例子，购买玉米，玉米中赤霉烯酮含量是 400 微克/千克，这个玉米是合格的，符合国家饲料卫生标准。但当按玉米 60% 的用量加进猪饲料，饲料中的玉米赤霉烯酮含量就超过了 300 微克/千克，就会给猪造成严重损害，需要重视。

表 4-12　2017 年饲料卫生标准对猪饲料及原料的限量要求

单位：微克/千克

	玉米及其加工产物	其他原料	仔猪饲料	青年母猪饲料	猪饲料
黄曲霉毒素 B_1	50	30	10		20
呕吐毒素		5 000			1 000
玉米赤霉烯酮	500（部分 1 000）	100	150	100	250
伏马毒素	60 000				5 000
T-2 毒素		500			500

（三）霉菌毒素在猪饲料的污染状况及对策

目前，作为猪能量原料的玉米、稻谷、小麦等，受霉菌毒素的污染相当普遍，相对严重的有呕吐毒素、伏马毒素、玉米赤霉烯酮、黄曲霉毒素 B_1 等，检出率都达到或接近 100%（图 4-197）。自己生产料的猪场应引起重视。

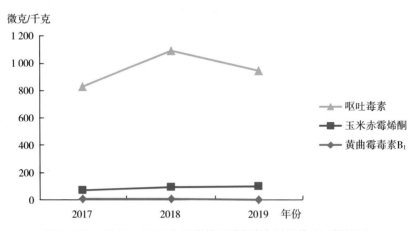

图 4-197　2017—2019 年玉米的三种毒素年平均值（江苏奥迈）

（四）猪场霉菌毒素解决方案

1. 降低饲料中霉菌毒素含量

选用信誉好、质量高的饲料厂产品，确保料中霉菌毒素含量不超标。自配料猪场需选用优质的饲料原料，特别是玉米及副产品。但并不是所有饲料厂对霉菌毒素的管控都很好，有些厂因使用很多的玉米副产品等，霉菌毒素含量可能会更高，猪场应注意抽检。对无检测设备的场，最好不用玉米副产品及麸皮等原料制作母猪及公猪饲料。

2. 防止养猪环节的霉菌毒素再次产生和污染

在饲料储存、配料、喂料、料槽等地方，都有可能因潮湿增加霉菌毒素污染风险，要加强日常清理。

3. 使用有效的霉菌毒素脱毒剂

目前，猪场多使用霉菌毒素脱毒剂来降低霉菌毒素危害，但要选择质量好的厂家产品。江苏奥迈生物科技有限公司采样自主知识产权技术研制的益康系列霉菌毒素脱毒剂，增强对多种毒素的吸附能力，同时避免对营养素的吸附，可有效解决霉菌毒素带来的危害。使用方法如下：

（1）后备、怀孕、哺乳等母猪饲料必须添加，每吨料添加益康 e 产品 1 ～ 1.5 千克，和饲料一起搅拌均匀饲喂。

此阶段不能使用添加量过大的普通矿物类霉菌毒素脱毒剂，否则易引起母猪蹄裂、断奶后发情延迟甚至不发情。

（2）根据玉米污染程度添加

乳仔猪料、中大猪料，通常每吨饲添加 0.5 ～ 1.5 千克，如玉米质量非常好，中大猪料中可不用添加脱毒剂，否则每吨料可添加 0.5 ～ 1.0 千克益康产品。

二、在饮水中添加酸化剂，确保饮水安全

研究证实，非瘟通过饮水感染的风险远远大于饲料。即便把猪泡在消毒药水中，只要饮水环节存有漏洞，照样发病。目前，猪场多采取在饮水中添加漂白粉等措施，但效果不佳。

在《猪病学》第 10 版中，"非瘟病毒在 pH 4.0 ～ 10 的溶液中比较稳定，但在 pH ＜ 4.0 或 pH ＞ 11.5、不含血清的培养基中会立刻失活"。据此，饮水酸化就成为目前非瘟防控的策略之一。哈兽研等也予以了验证。江苏奥迈采用任晓明教授的研究成果生产的液体酸化剂飞常酸，杀病毒、杀菌能力强，效果不错。使用方法为：

（一）饮水消毒、清理水线

每吨饮水添加 1 千克飞常酸稀释后使用。管道饮水可通过安装加药器添加，有储水塔的可以根据储水容积，按每吨水添加 1 千克的比例加入。可长期使用，也可阶段性使用。

（二）猪场的带猪消毒

按 0.5% ～ 1% 的比例稀释飞常酸，喷洒地面、猪体、物品至湿润，能有效阻断病毒在猪群中传播。

（本章特邀江苏奥迈生物科技有限公司孙育荣供稿）

第16章 非瘟时代猪场内部设施的技术升级改造

当前的非瘟横行，已给很多猪场猪场造成了重大损失，不少猪场甚至因此而清空倒闭。非瘟的防控实践证明，除了管理等相关因素等外，猪场现有的内部设计及设施、设备的运用，确实不能适应防控非瘟的需要，需要因地制宜作适当的技术升级改造。否则就可能无法有效防控非瘟，继续造成损失。亡羊补牢，这一课是必须要补的。

第1节 非瘟时代猪场内部设施的技改项目探讨

总结非瘟发生后的情况看，目前猪场的下列现有设施、设备，不利于防控非瘟，需要进行必要的升级改造。

1. 产房内的产床之间、保育舍内的保育床之间及其他猪舍内圈与圈之间的隔墙，不能用通气的栅栏，改用实心墙，以防相邻两圈猪直接接触传播非瘟。

2. 猪舍要安装防蚊蝇及防鸟网，防止这些传播媒介进入猪舍，猪场周围或猪舍周围要安装防老鼠的光滑挡板，防止老鼠、黄鼠狼、野猫等小动物进入猪场和猪舍。

3. 猪场的厨房要从生活区甚至生产区挪到猪场的围墙外，以防外来食材携带病原微生物进入猪场内部。

4. 生产区内部不能让员工种菜，以免员工将未经过严格消毒的猪粪便、尿给蔬菜施肥，以及在采摘蔬菜过程中将鞋底携带的猪粪带进猪舍。最好在场外租赁一块地，由专人负责为猪场种菜。

5. 在生活区为员工建立宿舍，不能让员工住在生产区内，不利于猪病的防控。

6. 目前，一些猪场只有大门口一个紫外线灯或喷雾消毒间，生产区门口没有淋浴消毒间，这在非瘟下非常危险。应在上述两个门口各建一个淋浴消毒间，对进入生活区、生产区的人员进行淋浴消毒，彻底切断病原通过人员进入猪场的传播途径。要在生产区门口再建一个紫外线灯或臭氧消毒间，以对进入生产区的个人小件物品如手机、眼镜、电脑等进行消毒。如果条件许可，最好在猪场大门口附近再建一个人员进场隔离舍，以对在大门口经过淋浴消毒后的入场人员，再进行为期两天的隔离观察，以确保安全。

人员进场，从场外隔离点→猪场大门口→生活区的隔离区→生产区，要分别经过2～3道洗消工作，设立人员消毒间（场外隔离消毒）→大门口洗澡间（更衣进入生活区隔离）→生产区门口洗澡间（更衣进入生产区）。

7. 目前，很多猪场没有引种或病猪隔离舍，对从外引入的种猪不进行为期

3 个月的隔离训化就直接进入猪场生产区，对发病猪只在猪栏内治疗而不进行隔离，这两种做法在非瘟下都非常危险，应予以改进。

8.很多猪场栋舍门口的脚踏消毒盆、池，形同虚设，没有起到应有的消毒作用。有的猪场虽然也在猪舍门口放置黑白两双胶鞋，要求员工进入猪舍必须更换，但认真做到的没有几个。人类长期机械地重复开展某种固定工作，都会不由自主地产生违规做法。在猪舍两端走道的入口处个设置一个 2 米长、深 10 厘米、与走道同宽的消毒水池，就可解决上述问题。

9.很多猪场只在围墙旁边建有一个装猪台，建一个赶猪道与之相连接，有的猪场甚至连赶猪道都没有，常常可以看到在往装猪台赶猪时，猪在前门走，前后左右跟着一群赶猪的饲养员，而且正常出栏的健康猪、发病猪处理时，都走这个赶猪道，都是一群人在赶猪，病原微生物交叉感染非常严重，在非瘟下非常危险。要建立健康猪、病猪离场专用走道各一个，以解决交叉感染问题。

实践证明很多猪场发生非瘟都与外来拉猪车、拉料车及本场内部的车辆有很大关系，不能让这些车辆靠近猪场是猪场老板必须考虑的大问题。在猪场500 米之外建售猪中转站、饲料中转站、内外部车辆洗消烘中心，可解决这个问题。

建立车辆洗消站（清洗，消毒和烘干温度为 60℃ 30 分钟，或者 70℃ 15 分钟，且检测合格）。饲料车辆需要经过 360° 全方位消毒后进入猪场非生产区，经中转料塔给生产区供料，向场内运输货物的车辆一律不得进入生产区，将运输的货物经清洗、消毒后将货物卸入仓库，场内车辆再将货物从仓库转到场内，禁止场内车辆与场外车辆进行对装。外部车辆不得进生产场，杜绝运输车辆对场内的污染。

出猪站口设在生产区外，外部运猪车在装猪台围墙外通道位置接运生猪，内部车辆在猪舍和中转站之间往返转运销售猪只，到装猪台的猪不能再返回到生产舍，出售生猪与淘汰生猪分别使用单独的车辆和装猪台，不混用。制定严格的猪只销售中转防接触的操作流程。

生产区和非生产区的人员、工作服、器具等不能共用。中转站的污水和雨水都要往外部流，不能往内部装猪台这边流。

10.以前，很多猪场为减少占地面积和便于对猪群的管理，在投资猪场设计时，使用了怀孕母猪限位栏，一栋猪舍内少者养几百头，多者养上千头的母猪，一排集中饲养的上百头猪共用一个通槽喂料、通槽饮水，管理确实方便。非瘟发生后的实践证明，这种高密度、集中饲养的管理模式，一旦发生非瘟将会火烧连营，造成毁灭性打击。研究表明，非瘟病毒直线接触传播的距离是 2 米，在不能对猪舍设备进行大规模拆除的情况下，唯一的做法就是降低饲养密度，应想方设法将大通间集中饲养改为单元格式饲养，单元格之间用墙隔开，每头安装饮水器供水，根据单元格大小，以 3 ～ 5 头为一组，将通用料槽用砖和水泥隔开，组与组之间的间距为 2 米。这样，一旦发生非瘟，也便于控制。

11. 很多猪场的育肥舍、母猪空怀舍，圈与圈之间的隔墙高度在 1.0 ~ 1.2 米。这个高度对小猪可以，但对大猪就无法避免圈与圈之间的接触。常常可以看到，一个圈内的调皮猪常常可以通过趴墙与相邻的另一圈猪发生交头接耳的现象。如果没有非瘟，圈与圈之间的猪发生这种接触也无可厚非，但在非瘟的情况下就非常危险了。育肥舍通常饲养密度大，而且 60 千克左右的育肥猪比较活跃，常常会通过趴墙发生亲密接触。实践证明，一旦一个育肥圈的猪发生非瘟，前后左右圈的猪肯定跑不了，都会发生感染，最后整栋舍的猪不得不做无害化处理，从而造成了很大损失。对圈与圈之间的隔墙用砖加高 15 ~ 20 厘米，即可解决这个问题。

12. 一些猪场的粪污水处理、死猪无害化处理、储存死猪的冰库等，都在生产区内进行，这在非瘟下非常危险。要想办法将这些设施、设备与生产区隔开，中间与生产区留下一个可消毒、可控制的通道即可。这样开展粪污、无害化处理及处理病死猪的外勤人员的工作和活动空间，就不会与生产人员发生交叉了。

第 2 节　非瘟时代新建猪场设计中若干问题探讨

1. 在选址时，要远离城市和村子，方便封闭管理，设置合理出入口。远离其他猪场至少 1 千米以上，在风向上端，地势高处，河流上方等先天条件。

2. 在猪场规划布局上，要规划好生产核心区—缓冲区（生产职工住宿区）—场内公共区（行政区）。如果条件允许，单场规模不宜过大，规模不要超过 5 000 头母猪，并且多点布局。严格批次化生产，全进全出，繁殖和育成分区分段饲养。

3. 场内行政区、生活区、粪尿处理区、病死猪处理区雨水、污水不得排往生产区。场区边界设置实体围墙，防止其他动物自由进入场区，与猪舍有足够的间距（50 米）。

4. 猪舍全封闭设计，无窗少门，包括猪舍之间的通道也全封闭（或用不锈钢纱窗封闭），在风机口安装针对性的装置，避免蚊蝇进入猪舍；不设猪舍外开窗，只保留必要的进出门，防止飞虫鸟兽进入猪舍；猪舍墙边铺设 1 米宽石子防鼠带。

5. 每栋猪舍都设计单独的洗消间，人员进猪舍须经洗澡→更衣后进入猪舍，猪舍间的工人不得串舍。

6. 育肥舍设计两条转猪通道。一条净道，转运健康生猪；一条污道，转运淘汰病猪。两条通道相互独立不交叉不共用。

7. 对同一场区建设的项目，采取一次建成投产，避免分批建设和边建边生产。

8. 引种隔离舍，进出道路、进风、排风、排水（雨水）、运猪车辆的清洗、人员吃、住及粪便的处理与核心生产区保持独立，隔离期到了，经检测，确认安全并入核心生产场。

9. 猪场的食堂，生产区职工与行政区职工严格隔离就餐。有条件的将食堂和进场人员隔离区搬到场外，场内禁止生鲜类产品进入。

10. 进场的道路最好能专用，不能跟其他养殖场共用。

11. 场内设置病死猪和废弃物专用处理通道，污道与净道要分开设计，猪舍的污水管沟要暗埋，不同舍内污水设计时要防止交叉。

12. 猪舍实行单元化生产，进风、排风独立运行。要选择好的设备，设备运行稳定可靠是减少设备工程师串区的基石。

第 17 章　做好场内日常工作的细化操作

对发生过非瘟但未彻底清场的猪场来说，实际上是处于一个带毒生产状态。由于猪场环境中潜伏有未彻底清除的非瘟病原及耐过康复猪体内携带非瘟病毒，使猪场生产时刻处于不稳定状态，若日常工作的细节操作不到位，如饲养员集中到料房拉料、采样及病死猪处理不规范、猪舍用过的饲料袋回收等相关细节操作错误，就会导致猪场非瘟发生造成损失，需引起猪场管理者的应有重视。

一、饲养员集中到料房拉料，可引起病原交叉感染

让各类猪舍的饲养员，使用同一个料车到料房拉料，很容易发生病原的交叉感染。一是同一个料车在不同猪舍间来回穿梭，中间又没有进行严格消毒，如果料车带有病毒，就会将病原扩散开来；二是所有饲养员都到料房去拉料，则料房就会成为疫源的集散地。因此，在没有非瘟的情况下，让饲养员自己到料房拉料的做法尚可，但对于通过接触传播的非瘟病毒来说，该办法确实不妥。改进办法是在料房的进出口处建车辆消毒池，安排专人、专车为各猪舍送料，以免人员和车辆发生交叉感染。

二、将猪舍用过的饲料袋统一回收到料房存放，或再次装料使用，可导致病原扩散

在猪场带毒生产的情况下，猪舍内部可能会存在非瘟病毒。装料的饲料包装袋在运进猪舍打开使用过程中，就可能通过与饲养员、工具、猪栏、食槽、地面甚至与猪等的接触，直接感染了病原。在生产区内没有办法对这些用过的饲料袋进行彻底消毒的情况下，就直接回收到料库，就会把饲料库污染，如果再次装料运进健康猪舍，就会将病原带进该猪舍。因此，对未经过严格消毒的旧饲料袋回收到料房存放或使用，是非常危险的。

改进办法是由专人对各猪舍用过的饲料袋，进行统一收集后，集中到生产区

外某区域统一做无害化处理，防止这些用过的饲料袋携带病原，再次对猪舍发生污染。

三、猪舍内粪便在使用小粪车运往粪场过程中，在场内道路上发生遗漏，导致整个道路被污染

在一些采取干清粪的猪场，常常可以看到猪舍饲养员在舍内清出粪便，用小粪车拉到粪场卸下返回后，随手交给了另外一个舍的饲养员，将粪车推进猪舍继续向外送粪，在粪车没有经过严格消毒的情况下该做法非常危险：一是拉粪的小车不经消毒从粪场返回后，直接由另一个饲养员推进猪舍拉粪，该小车就成为了传染源；二是饲养员从粪场返回后，未经严格的消毒、换衣服和鞋就直接进入猪舍工作，可将病原直接带进猪舍；三是在运往粪场的过程中，发生粪便遗漏，直接污染了场区道路。

改进办法是饲养员每天将猪舍内的粪，用消过毒的袋子装好后，放在猪舍门口，由专人、专车于每天下午下班时集中送到粪场做无害化处理。之后，该人员不能返回生产区，而是到生活区进行严格的洗澡、消毒，确保安全。

四、饲养员在对地面饲养的猪栏打扫卫生过程中，从这个栏到那个栏，中间没有对衣服和鞋的消毒，导致打扫卫生的过程，就成为了病原扩散的过程

改进办法：一是将地面饲养的猪群训练成定地点采食、定地点排粪尿、定地点睡觉的"三定点"习惯，将每天一次的打扫卫生改为每周一次，减少饲养员进猪栏打扫卫生的次数，相应减少了传播病原的机会；二是温暖季节饲养员不进猪栏，用水管直接将栏内的猪粪尿冲进下水道和外部排污沟内；三是进猪栏打扫卫生时，穿一次性防护服，一次性手套、一次性鞋套，严格做到这些防护物质一栏一换，防止工作服、鞋被猪嗅、咬后传播病原。打扫卫生时，要随手提一个盛有3%烧碱水的较大水桶，在进另一个猪栏前，要对前一个猪栏使用过的铁锹、扫帚及水鞋，在该桶中进行消毒。

五、免疫、治疗用的注射针头及测量体温用的温度计，必须一猪一个，同一器具对猪连续使用的危害性，人所共知，不再多述

六、让生产区人员兼任污水处理工作，危害大、不可取

一些猪场老板为节约用人成本，竟让生产区技术员或饲养员兼任污水处理工作。常常可以看到，这些污水处理人员每天或几天都要到粪污处理区去排放污水，他们在从生产区进出污水处理区的过程中，几乎不穿一次性防护服、防护手套和头套（因为穿这些防护用具太麻烦、穿起来不舒服，不愿意穿）。这样，污水处理人员就很容易将粪污处理区的病原带进生产区和猪舍。

改进办法：一是不允许生产区员工担任污区相关工作，更不允许随意进入污区；二是由生产区外围的生物安全专员负责处理污区的相关工作，或聘请场外人员定期到污区开展污水、病死猪处理等工作，以确保猪场安全。

七、做好健康猪销售及病死猪的无害化处理，防止非瘟传播

（一）健康猪销售

在带毒生产的情况下，所谓出售的健康猪不一定都健康，其中也可能有部分猪属于无症状感染者。这些看似健康的猪群，如果在销售过程中掉以轻心，就可能使这些猪在从猪栏到装猪台驱赶的过程中散毒，从而导致猪场发生非瘟。

改进办法：①做好销售前的准备，如一次性工作服、手套、帽子、鞋套及赶猪版、驱赶棒、抓猪器、盛有 3% 烧碱水的水桶（用于进出猪栏时对胶鞋的消毒）等。②从猪栏将猪赶至装猪台的过程中，应由生活区后勤人员或从外部聘请人员，按规定洗澡、消毒、换工作服、鞋后，进入生产区猪舍将猪赶出，销售工作结束后，这些赶猪人员将猪接触过的猪栏、走道、场区道路及赶猪工具等彻底清洗、消毒后方可离开生产区。整个猪群的销售过程，若该舍尚有部分猪需继续饲养，则该舍的饲养员禁止参与销售。③销售工作结束后，这些赶猪人员应在出生产区后按规定洗澡、消毒、换衣服和鞋，所用的一次性防护服、手套、头套、鞋套等集中作无害化处理。④这些假定健康猪在整个销售过程中，其他猪舍的饲养员不准参与赶猪。⑤为防止猪在销售过程中污染地面，应在猪舍圈栏口至舍门口、舍门口至装猪台的道路均铺彩条布，让猪从上面通过。

（二）病死猪处理

对病、死猪进行无害化处理，是消灭传染源、防止疫情扩散、进而确保猪场安全生产的关键一环。尤其是在非瘟非常严重的形势下，各场更应该加倍重视对病、死猪的处理工作。

1. 病猪的处理流程

目前，很大猪场的发病猪在处理时都是活着出场的。这样的处置办法存在着极大的带毒扩散风险。

猪场处理活着的病猪，要比处理正常销售的健康猪难度大得多。因为健康猪怎么出场都是安全的，而病猪出场过程中就会散毒。

（1）由猪场内部在生活区工作的若干人员，经生产区门口洗澡、消毒、更衣、换鞋、穿防护服、带手套后，进入生产区将病猪从所在猪圈赶出猪舍，在猪舍门口将病猪赶上内部病猪处理专用车。舍内病猪走道要铺彩条布，不能让病猪污染地面；猪舍饲养员不能参与该舍病猪的驱赶，以免接触感染病原。

（2）内部病猪处理专用车要密封，运送病猪出场途中不能与其他生产区人员接触，保证病猪的粪尿不能遗漏到场区道路上，以免散毒污染场区道路。

（3）内部病猪处理专用车要走病猪处理专用通道，将病猪送到猪场指定地点后，由场内病猪处理人员卸下后，再将病猪装上猪场外部的内部病猪转运车，该车将病猪拉到猪场外的安全区域后，由场外的外聘人员将病猪装上外来拉猪车。

（4）猪场内部的病猪处理转运车，要在猪场内部指定的消毒区域进行清洗消毒后备用；猪场外部的病猪处理专用车要在场外指定的消毒区域消毒后，停放在

猪场外部的指定区域备用。

（5）猪场内部处理病猪的人员，将病猪装上外部病猪转运车后，不能再返回生产区，由外围通道返回猪场大门口，经洗澡、消毒、换穿生活区的衣服和鞋后，方能进生活区。其在生产区穿的衣服和鞋，交生物安全专员消毒后备用，所穿的一次性防护服、手套等做无害化处理。

（6）不允许猪场内部病猪转运车，不经猪场外部的病猪转运车中转，就直接将病猪拉出场外，送到外来病猪车前装猪。这样做非常危险。猪场内部的病猪转运车是不能出场的。

2. 死猪掩埋坑及冷冻处理流程，详见本篇第 13 章有关内容

八、做好非瘟血样的采集，防止病原扩散

非瘟血样的采集，对确保检测结果的准确性及防止采样过程中血液外溢散毒、确保安全生产至关重要，必须确保万无一失。

（一）采血流程

1. 参与保定和采血的人员，须经过严格消毒才能进入猪舍采血。

2. 保定人员使用已消毒的保定器对猪进行保定；

3. 采血前先使用酒精棉签对采血部位进行消毒；

4. 套猪（绑猪）人员穿隔离服、戴劳保手套及一次性长臂手套绑猪；

5. 采血人员戴一次性长臂手套。

（1）尾根采血用于检测非瘟抗原：用针头刺破皮肤有血浸出，用棉签蘸生理盐水后在血上面按一会儿即可，采血后用碘酊棉签止血。

（2）耳静脉或前腔静脉采血用于非瘟抗体检测：使用 5 ~ 10 毫升的一次性注射器采血 5ml（耳静脉采血时，针头进针方向应从耳尖朝向耳根方向），采血后用碘酊棉签止血，采血人员不参与绑猪。

6. 抽血后使用棉签止血，严禁血液外流。采血人员不能着急，要等血液全部止住后才能采下一头猪。

7. 采完一头猪，更换一次性手套，保定器一猪一换，保定器采血前必须进行浸泡消毒。

8. 将采血用的注射器统一编号，一猪一号，采血后预留足够空间，放入装有冰块的泡沫箱倾斜 45° 角放置（最好铺上膜防止污染）。

9. 使用专用塑料袋，将采血用过的鞋套、手套、棉签等装入其中，避免污染。

10. 采血完毕后，清点并核对数量是否遗漏，检查标记是否模糊等。核对无误后静止 2 ~ 4 小时让血清自然析出。若是炎热夏天，则需要放置阴凉处，若是寒冷冬天则需要准备暖袋，以便充分析出血清。

11. 采血工作结束后，保定猪和采血的人员到猪舍与净区接触处将鞋套换下，装入污袋内。消毒人员需使用卫可带猪消毒，使用烧碱对路径消毒。

（二）注意事项

1. 采血前备好采血工具、隔离服、一次性手套、鞋套、消毒后的保定器、专用塑料污袋、一次性采血器及装采血器的专用容器盒等。

2. 采血前后对栋舍进行地面和空气雾化消毒。

3. 采血人员做好安全防护工作。

（1）保定和采血人员穿一次性隔离服，隔离服一栋一换（与猪口鼻有接触的要进行更换），戴一次性手套，手套一猪一换；一栋猪一双鞋套，如果是进猪圈采血，一圈换一双鞋套。

（2）采血人员避开猪头，减少人猪接触。

4. 采血器保证生物安全。

（1）一猪一个一次性注射器、一个针头。

（2）备 10 个保定器，确保替换使用中有足够消毒时间，保定器不得连续使用。

九、严格做好场内专用病猪车的消毒，彻底消灭病原

该车消毒灭源不彻底，就会在生产区成为一个流动的传染源。因此，猪场要为该车建立专门的消毒区。在对该车经过严格药物消毒后，还要进行火焰喷射高温全面消毒，确保万无一失。

第5篇　非瘟发生后的猪场
复养实战技术

非瘟自 2018 年 8 月发生以来，一方面给我国养猪业造成了很大损失，直接导致很多猪场因此而清空；另一方面，因非瘟也导致了我国生猪存栏量的大幅下降和猪价的大幅上涨，给养猪企业带来了千载难逢的发展机遇。一些已清空多日的猪场开始复养，以期抓住猪价上升的机遇快速赚钱，弥补非瘟造成的重大损失。但也有一些猪场在开展复养工作时，确因不得要领而导致复养失败，再次造成了不应有的损失，从而使猪场老板在复养方面产生了很大的思想压力。这就是很多猪场想复养而又不敢复养的主要原因。

本篇所述的非瘟发生后猪场复养实操方案，是享受国务院特殊津贴专家、本书主编代广军研究员，亲自带领复养技术团队进驻广西、山东的某些猪场，按既定复养操作流程成功打造了几个复养样板场后，从生产实践中总结、提炼出的复养实操技术方案，期望能对开展复养的猪场有所帮助。

第1章　非瘟后猪场复养成功的若干要素

总结非瘟场复养成功经验与失败教训，猪场在开展复养工作时，除要有充足的资金基础外，还要有以下 9 个关键因素需要考虑：

一、猪场老板对复养成功要有足够的信心

一些发生非瘟后将猪场清空的养猪老板，面对高价位的猪价行情，开始产生复养的想法，但复养意志不坚决，前怕虎、后怕狼，既想尽快复养赚钱，又不想对现有存在安全隐患的生物安全防范体系进行投资改造。这样的想法是不能开展复养工作的，否则复养必定失败。

二、要请有复养经验的技术团队来帮助复养工作

鉴于非瘟发生后复养在我国是新课题，而且不同猪场的设备及条件不同，因此要请那些有复养经验的技术团队来帮助、指导复养工作。根据复养技术团队制定的复养方案，在防控非瘟方面该投入的一定要投入。猪场老板要明白，只要复养后生产正常，这些基本的投入，将会在今后几年持续的高价位下很快收回。

三、猪场老板是复产成功的第一责任人

老板要强烈认识到，生物安全措施对防范非瘟发生的重要性，该改进的一定要投资改进，否则漏洞不堵塞复养就会失败。生物安全体系建设与规划不是喊口号，更不是纸上谈兵。猪场老板一定要本着对自己负责的态度，要真心实意地邀请那些有复养经验的专家到现场进行规划，因地制宜地制订复养方案，不能照抄照搬别场的生物安全做法。

四、开展复养前，要查找之前发生非瘟的相关因素，亡羊补牢

只有把之前发生非瘟的各种因素都找出来，才能制订出符合实际的复养防范措施，否则，还会重蹈覆辙。

五、猪场要设立专职的生物安全专员

该专员主要职责是监管各项生物安全防范措施的执行，不论对任何人，该专员在落实相关工作制度方面要有一票否决权。各项措施执行到位是有效防范非瘟发生的关键。否则，措施执行不到位，一切努力都白费！

六、借鉴其他猪场的成功经验开展复养，少走弯路

非瘟在我国发生一年多来，很多猪场都对防控本病及开展复养工作进行了总结、探索，总结出了一套行之有效的复养经验。对即将开展复养工作的猪场老板来说，要请那些有复养成功经验的饲料公司等合作单位的技术服务团队，根据本场的实际情况，帮助制定出一套符合实际的猪场复养方案，借助别人的成功经验就可以少走弯路，确保复养成功。

七、要有一套完整的复养方案

复养工作开始前，要与复养技术团队一起，把导致之前猪场发生非瘟的相关因素进行认真梳理，以在完善生物安全体系时予以解决。要想方设法"御敌于国门之外"，明白"非瘟不进家、明年开宝马"的道理。

对清空后的猪场，如何开展清污、清洗、消毒、烘干、白化、非瘟环境检测、复养安全猪源的引进及管理等各方面，都要有完整的操作流程。据了解，一些猪场之所以复养失败，就是因为只有复养热情，没有切实可行的复养措施方案。

八、要有健康、安全的猪源作保障

使用安全健康的复养猪源（种猪、育肥小猪）是确保复养成功的关键一环，如果引进的猪源带毒，复养肯定不会成功。因此，在进行复养引猪前，必须对供种场和供苗场及对其周围猪场是否发生非瘟，进行全面了解、调查，并且在猪群引入前（含哨兵猪）要对这些供猪单位必须进行多次非瘟检测，确保安全时才能引进。

九、复养猪场要有足够的资金做保障，否则就会导致复养工作半途而废，或无法开展有效的复养工作，最终使复养失败

第2章 复养场清场流程及复养前评估

非瘟发生猪场在开展复养之前，应先开展清场工作。即将猪场在发病后库存的生猪、物料、粪污、传播媒介（老鼠、野猫、狗等）及杂草等全部清除干净，以杜绝安全隐患。

一、清场流程

（一）猪只处理

1. 处理方法：焚烧、深埋。

2. 地点：距离生产区100米以外。

3. 深度：覆土厚度1米以上。

4. 处理流程：对所有发病死亡猪只进行焚烧后，撒上5～10厘米厚的生石灰，深埋后再铺上一层石灰（图5-1、图5-2）。但应注意不能在生产区内焚烧、掩埋病猪及同群猪！以免留下疫情隐患。

图5-1 发生非瘟的猪群　　图5-2 对非瘟病猪的无害化处理

（二）剩余污染饲料、药品、疫苗处理

1. 剩余饲料可销毁或运出场外饲喂家禽。

2. 对已经开包的药品、疫苗统一焚烧处理（图5-3）；未开包装的药品、疫苗统一用消毒水浸泡。

（三）木质材料、报表、衣物等污染物处理

收集猪场所有被污染的木质材料、报表、工作服等统一焚烧（图5-3）。

（四）清理猪场内传播媒介：猫、狗、老鼠、鸟、蚊虫等

1. 猪场禁止饲养猫狗，对产区的野猫、野狗进行捕杀。

图5-3 将猪场所有被污染物
　　　焚烧处理

2. 定期灭鼠、定期驱蚊虫，猪场周边安装捕鸟网和驱鸟器。

（五）清理养猪设备、下水道粪污、污水处理池（图 5-4 至图 5-6）

1. 把所有漏缝板下的粪污清理掉。

2. 猪场所有可见粪便统一堆肥发酵并清除出场。

3. 对所有污水池排放干净，清理残余粪污。

图 5-4　拆卸养猪设备　　　　图 5-5　清理下水道　　　　图 5-6　火碱浸泡设备

（六）金属器械工具和杂物处理

1. 所有被污染的生锈金属，统一随物品一起焚烧并清除出场。

2. 对可反复使用的注射器、饮水器、料槽、粪铲等金属物品统一堆放，统一清洗浸泡消毒（图 5-7、图 5-8）。

3. 杂物集中收集分类堆放（图 5-9），能使用的统一堆放，集中消毒，不能使用的卖掉或者焚烧处理。

图 5-7　料槽浸泡消毒　　　　图 5-8　饮水器浸泡消毒　　　　图 5-9　杂物统一堆放

二、复养前的评估

对发病场开展复养前的评估工作，对复养能否成功非常重要。复养猪场要高度重视这个问题。

（一）清场后的评估

猪场清场后，首先要对导致猪场发病的原因进行系统调查，对所有可能感染的原因全面进行排查：

1. 疫情发生前1个月的引种记录。

2. 人员进出记录与消毒记录。

3. 车辆进出记录与消毒记录。

4. 饲料与水源的检测记录。

5. 物资消毒与记录。

6. 猪只销售记录与消毒记录。

7. 无害化处理记录。

8. 环境消毒与生物管制记录。

9. 卖猪中转消毒记录。

10. 周边区域非瘟发病情况复盘。

猪场在复养前，一定要把导致猪场发病的各种因素都查找清楚，以便采取措施予以弥补。否则，开始复养后仍会发病。

（二）复产评估

评估猪场周围的养殖密度、生物安全压力、环保压力、猪场生物安全措施、猪场现有设施设备等，确定是否进行复养及复养的模式（自繁自养还是只养商品猪）。

1. 养殖密度。调查本场附近有无猪场，这些猪场是否发过病、是否已经开始复养等。要评估这些猪场对本场开展复养有哪些不利影响等，以便采取措施予以防范。

2. 生物安全压力。猪场1 000米以内无疫情（国家规定的一类疫病）或已解除封锁。

3. 环保压力。具备环保相关证明，周边村民关系良好。

4. 生物安全措施。具备相关消毒设施设备，已经规划建设生物安全三级防范措施（售猪中转站、内部卖猪车、饲料中转、猪场大门口和生产区门口有洗澡间是必备条件，有条件建车辆洗消中心更好）。

5. 猪场现有设施及设备。构建生物安全体系需要完善改进猪场的现有设施和设备，该投入的一定要投入，不能省的钱一定要到位。

第3章 猪场开展复养清洗、消毒操作流程

对开展复养的猪场来说，认真开展清洗，将病原微生物清理干净，是一项

繁重而重要的工作。在此基础上开展消毒灭源工作，就能将猪场残留的病原消灭掉。因此，清洗和消毒对复养能否成功至关重要。

一、清洗流程

一些成功开展复养工作的猪场老板认为，对栏舍彻底清洗干净，可以洗掉90%以上的病原。清理完发病猪场的库存猪、物料及疫苗兽药等相关物质及粪污后，要彻底对全场进行认真清洗，要达到清洁如新的程度。

（一）猪舍内的清洗流程

1. 猪舍内能拆下来的设备都拆下来，如有条件把定位栏、产床、产床漏缝板都拆下来，放在火碱池浸泡。

2. 先进行清扫、冲洗，再用 3% 火碱溶液全部喷洒，并浸泡 2 小时，然后再彻底清洗。

3. 猪舍从上到下、从前到后依次清洗：天花板、料线、水电管道、墙体、窗户、栏舍、料槽、地面、过道、风机等彻底进行高压清洗（图 5-10 至图 5-15）。

4. 清洗一遍后，再对下水道墙体和地面彻底清洗一遍。

图 5-10　清洗天花板

图 5-11　清洗圈门

图 5-12　清洗圈栏下水道

图 5-13　清洗圈舍地面

图 5-14　清洗猪舍设备

图 5-15　烧碱浸泡猪舍设备

5. 清洗完后，再次对舍内喷洒一次 3% 烧碱，浸泡 2 小时后按照步骤（3）清洗一遍后，用钢丝球对栏杆和料线、水线管道进行擦洗，最后对下水道再次冲洗一遍。

6. 清洗后的检查。重点检查漏缝板缝隙和背面、设备拐角处、焊接点、水线的弯头等死角，用白色的纸巾擦拭各处，白色纸巾无污渍为清洗合格，反之要返工。

（二）猪舍外的清洗

对整个猪舍以外的主干道、赶猪通道、料塔、水塔、下水道、无害化冰库、工具仓库、药房等用 3% 烧碱消毒后再清洗干净。

（三）生活区、办公室、厨房清洗

移除生活区、办公区、餐厅等各房间的所有物品，先用戊二醛 1∶300 进行消毒，30 分钟后再从上到下彻底进行清洗。

二、消毒流程（相关消毒实操图片，详见第 4 篇有关内容）

消毒的过程就是消毒药物杀灭病原微生物的过程，消毒结束后要晾干（有条件的场最好烘干），好的消毒效果是建立在良好的清洗基础上。

（一）生产区消毒流程

1. 将清洗好的下水道配置 3% 的烧碱水浸泡消毒 3～5 天。

2. 对清洗干净、经用烧碱水严格消毒后的密闭猪舍，用福尔马林进行熏蒸，每立方米空间 28 毫升福尔马林 +14 克高锰酸钾 + 密封 24 小时后通风。

3. 通风 24 小时后，再用戊二醛 1∶300 对猪舍内部进行彻底消毒，干燥后再用 3% 烧碱 +20% 生石灰乳对栏舍和地面进行白化，封闭猪舍一个月。

4. 对猪舍外的主干道、赶猪通道用 20% 生石灰 +3% 烧碱白化，对下水道用 3% 烧碱消毒；无害化冰库、工具仓库、药房等使用卫可 1∶100 进行消毒。

5. 进猪前，每周用 3% 烧碱再次对生产区所有区域进行消毒。

6. 建设一个深 60 厘米，长 3 米，宽 1.5 米的消毒水池（图 5-16），并注水到 40 厘米处，加入戊二醛或氯制剂消毒剂，对卸下所有饮水器、接头、栏门、料槽、金属工具等相关设备进行浸泡消毒 3 ～ 5 天。根据猪场情况，建合适大小的消毒池，如果要浸泡所有定位栏和产床则需更大消毒池。

图 5-16　复养猪场用于浸泡料槽、金属工具等的消毒池

7. 对水塔放满水并放入氯制剂消毒剂溶解充分后，打开猪场最远端的饮水器，使蓄水池中的消毒水注满整个管道，并浸泡 2 小时以上，浸泡完成后，放掉水管道内的消毒水，再注入清水。

（二）生活区消毒流程

1. 生活区能消毒的物品，统一放在火碱池中浸泡消毒 2 小时，不能消毒的全部焚烧。

2. 办公室物品也全处理掉，重要文件用臭氧熏蒸 3 小时，密封处理。

3. 厨房及厨具的消毒。各类厨具清洗完成后，用卫可彻底消毒一次，以后每周一次。对厨房地面、墙壁、屋顶、灶台等处，要用 3% 烧碱 +20% 石灰乳白化。

第 4 章　哨兵猪引入及管理

按既定复养方案，完成对非瘟清空猪场清理、消毒、检测等程序后，能否开展下一步的饲养工作，需要用饲养"哨兵猪"的措施进行检验。非瘟病毒在猪体内最长潜伏期为 21 天左右，如果哨兵猪在猪场饲养两个月以上没有发生非瘟，即可表明之前的工作是有效的，表明猪场不再有非瘟病毒残存，可以进行正常生产了。否则，不引入哨兵猪饲养观察，就直接大规模饲养，风险很大。

1. 对整个猪场开展非瘟环境检测，合格后才能进猪。完成猪场的清洗消毒后，对猪舍粪沟、路面、漏缝板之间缝隙、栏舍死角、水线、料线、污水池、死猪集中点、办公室、宿舍、厨房、猪场舍外环境、售猪台等地方多点采样，用

PCR荧光定量检测非瘟病毒，检测结果全为阴性才可引进哨兵猪。

2. 引种前应对猪舍进行彻底清洗、消毒、干燥。

3. 引入前，要对猪源供应猪场周边环境疫情评估，猪场10千米范围内无疫情发生，所有哨兵猪进行非瘟检测，确定阴性且猪只稳定健康度良好才可引入。

4. 采用全封密猪车拉猪，避免运输过程中交叉感染的风险（猪车必须分点检测合格后，方可以进行运输）。

5. 运输过程中的生物安全。尽量晚上运猪、不停车、不进服务区、司机不下车、下猪前必须对猪及猪车进行再次洗消。

6. 哨兵猪引入的数量与满负荷存栏占比不低于10%，以栋为单位散发式散养。

7. 如有病死猪，先采样送检，再决定是否淘汰处理。

8. 饲养过程中尽量减少与猪直接接触，减少猪只应激。

9. 引入哨兵猪饲养至30天及60天时，要分别对猪只、环境采样进行检测，检测合格后才可确定是否复产。

10. 哨兵猪饲养期间严格管控车辆、人员、物料进出消毒及做好传播媒介生物管制。

11. 哨兵猪引入后，要根据体重大小和猪群类别，采取相应的饲养管理措施，提供充足营养、饮水、干燥卫生的猪舍和适宜的环境温度，按正常的生产管理操作规程进行免疫保健，确保哨兵猪健康。

猪场引进安全猪源后，即按照各类猪群的技术管理操作流程，开展正常的生产管理工作。在生物安全防范方面，如人员管控、车辆控制、饲料使用、物料进场、消毒及防止冷热应激等工作，详见第4篇有关章节的内容。

第5章　非瘟等重大疫病控制与复养成功案例分享

第1节　某家庭猪场复养成功案例分享

2019年8月，时任双胞胎集团首席畜牧师的享受国务院特殊津贴专家、本书主编之一代广军研究员，亲自带领双胞胎集团的复养技术团队，到广西某家庭猪场，按既定复养方案开展复养工作，获得成功。现将有关复养工作开展情况总结、分享如下。

一、复养前对猪场环境进行评估，调查猪病发生时间及原因

（一）现场查看评估（图 5-17、图 5-18）

图 5-17　在猪场了解疫病发生情况　　图 5-18　组织复养团队对该场进行复养评估

（二）猪场硬件设施设备条件评估（表 5-1）

表 5-1　猪场硬件设施设备条件评估

区域	项　　目	是否具备
生活区及场区门口	有前置清洗消毒点、大门口有洗澡间（应具备冬季洗澡条件，配备供暖设备）、物资消毒间、隔离间	否
	场内道路、大门口及场附近的区域定期白化	否
	有无密闭大门及实体围墙	否
	配备专用水箱、消毒柜	否
	外移装猪台	否
	生活区与生产区分开、有消毒隔离区和措施	否
	无害化处理坑	否
生产区	有中转料塔	否
	进风口、窗户安装纱网	否
	进猪舍前有无洗手、脚踏消毒盆（池）、有无舍内外衣服和鞋	否
	防蚊网	否
	防鸟网	否
	弥雾机	否
	清洗机	是
	消毒机	否
	食槽、水线、水塔	是
	灭鼠设备	是
	每栋舍配备专用清粪、喂料工具	是
	装猪台	否
	生产区门口洗澡间	否
	病死猪专用处理车	否

（三）确定复养技术升级改造项目（表 5-2）

表 5-2　猪场复养技术升级改造项目

项目	具备	采购设备	费用预计（万元）	改造完成时间	责任人
人流	生活区、生产区洗澡房、消毒房	洗澡间 2 间、消毒房 2 间、高压清洗机 1 台、雾化消毒机 2 台	4.4	8 月 28 日	猪场老板
物流	物料熏蒸臭氧消毒机、料塔、AB 库、内部小车、冰库	消毒机 1 个、物品货架 2 个、饲料房、自制病死猪车 1 辆、储存死猪冷库 1 个	2.8	8 月 28 日	猪场老板
生物管制	围墙、防鼠板、防鸟网	围墙 1 200 米、彩钢瓦 800 米、不锈钢纱网 900 米	6.4	8 月 28 日	猪场老板
上述改造总费用合计			13.6		

（四）复养前采样送检，了解目前病毒存在情况（图 5-19、图 5-20）

为了解病毒对猪场的污染情况，以便在开展复养工作时做到心中有数，在复养工作开始前，应对猪场栏舍及场区环境进行非瘟采样检测。

图 5-19　栏舍门采样　　　　　图 5-20　水源采样

二、按既定复养方案开展复养实操

（一）清理猪场环境（图 5-21、图 5-22）

图 5-21　生产区清理　　　　　图 5-22　生活区清理

（二）清洗消毒（图 5-23 至图 5-30）

图 5-23　清洗猪栏

图 5-24　烧碱消毒

图 5-25　清洗栏门

图 5-26　清理猪舍天花板

图 5-27　烧碱消毒猪圈

图 5-28　烧碱消毒下水道

图 5-29　猪圈地面火焰消毒

图 5-30　白化消毒

（三）人员进场消毒流程——改造后的图片（图 5-31、图 5-32）

图 5-31　新增人员进场消毒间

图 5-32　新增物料进场消毒房

（四）物料进场流程——改造后的图片（图 5-33、图 5-34）

图 5-33　新增饲料储存库房

图 5-34　对库存物料进行熏蒸消毒

（五）有害生物管制流程——改造后图片（图 5-35、图 5-36）

图 5-35　安装防鸟网

图 5-36　安装防鼠板

（六）对清空、消毒后的猪舍及环境再次进行采样检测（图 5-37、图 5-38），检测合格后方可引进猪

图 5-37　对场区道路采样　　　　　图 5-38　对猪圈地面采样

（七）复养安全猪源的引进

1.进猪前对运猪车辆进行严格洗消（图 5-39），静置 30 分钟干燥后再采样检测，检测结果合格后方可装猪（图 5-40）。

图 5-39　对运猪车辆消毒　　　　　图 5-40　引进的健康复养猪源

2.进猪。装猪后的运猪途中，车辆全程不进服务区，中途司机不允许下车。车辆到达距猪场 500 米处后停下，再用猪场的内部车辆把仔猪转运到猪场。赶猪通道全部使用彩条布铺垫（图 5-41）并用 1∶200 的戊二醛溶液进行消毒，以免猪直接通过地面时感染病毒。

三、按既定复养技术管理操作流程，进入正常的饲养管理操作程序，使首批复养猪成功出栏（图 5-42）

图 5-41　复养猪源通过彩条布进入猪舍

图 5-42　复养猪体重 130 千克以上销售

四、推广复养实操技术，为猪场带来复养效益

该家庭猪场复养成功后，本书主编代广军研究员又带领双胞胎集团的复养技术团队，在总结该场复养经验的基础上，分别在临沂、荆州、宜昌、岳阳等地，开展复养现场指导及技术培训，引领、指导猪场积极开展复养工作，为猪场带来了复养效益（图 5-43 至图 5-46）。

图 5-43　代广军（右一）到山东某场指导复养

图 5-44　代广军到宜昌作复养培训

图 5-45　代广军到岳阳作复养培训

图 5-46　代广军到荆州作复养培训

第 2 节　某规模猪场成功控制重大疫病案例分享

自 2018 年非瘟进入我国以来，本书主编之一、享受国务院特殊津贴专家代广军研究员，一直在跟踪、研究非瘟流行特点，总结出了一套切实可行的防控方案。代广军还受邀在业内非瘟防控研讨、交流会上作了 36 场（次）的专题报告（图 5-47 至图 5-50），本节就是这些报告内容的实践与总结。

图 5-47　在全国非瘟防控会上作报告

图 5-48　在南宁为广西猪场老板作报告

图 5-49　为河南牧翔药业作防控报告

图 5-50　为河南省汝南县猪场老板作防控报告

2019 年底，受某 350 头母猪场老板邀请，本书主编之一的代广军研究员，到该场与场长、技术员进行了座谈，并进入猪场内部对该场重大疫病接连不断发生的原因，进行了细致的现场调查，掌握了第一手资料。该场为建场 20 多年的传统式猪场，场门口即是乡间主干道，周围距村庄、学校较近，排污非常困难，外部疫病防控环境较差；内部养猪设施、设备落后，猪场大门口、生产区门口的淋浴消毒设施不完备；猪场员工老龄化严重，对新的疫病防控相关规定和要求，理解不深、执行不到位等，所有这些，确实不能适应非瘟严峻形势下的疫病防控工作需要。根据上述了解到的相关问题，结合该场实际情况，代广军为该场在猪群发病后没有清空、连续生产的情况下，制定了《非瘟等重大疫病控制技术指导方案》。经过该场上下认真执行相关细节，使生产逐渐进入了稳定状态，并开始实现盈利。目前，该场已累计实现盈利达数百万元。现将相关措施总结、分享如下。

1. 组织猪场员工认真学习《非瘟等重大疫病防控技术指导方案》，了解导致猪场发生重大疫病的内外部相关因素，落实了相关防控措施的细节，这是猪场亡羊补牢的基础。

2. 加强对人员进出猪场的严格管控，生产正常情况下，规定每人每月只允许出场一次，减少了以前人员多次进出猪场带来的疫情风险。生产不稳定期间全员实行封闭式管理，除非特殊情况，人员不能出场。

3. 完善了猪场大门口、生产区门口的淋浴消毒设施、设备，要求所有人员进场，都必须按规定洗澡、换衣服和鞋。即在场外穿的衣服、鞋不准带入生活区，在生活区穿的衣服、鞋、也不准带入生产区。该措施杜绝了人员带毒入场、入生产区。

4. 猪场生产区与生活区、料房、粪场、售猪装猪台等连接处，都建立了人员、车辆进出该处的消毒池（图5-51、图5-52）；各栋舍门口出入处也都建了长2米、与舍内走道同宽、深15厘米的脚踏消毒池。这些措施确保了人员及车辆进出生产区，人及拉料推车进出猪舍都必须从消毒池中趟过，杜绝了病原通过鞋底、车轮进入猪舍。

图5-51　生产区各出入口新设消毒池

图5-52　料房出入口新设消毒池

5. 猪场按要求完成了简易防鸟网的搭建（图 5-53、图 5-54），减少了鸟类进入猪舍，传播疫病。

图 5-53　密闭猪舍安装防鸟网

图 5-54　半开放猪舍安装防鸟网

6. 消毒方面，纠正了以前"高压冲洗、火碱消毒、晾干、进猪'的做法，根据非瘟病毒怕高温的特点，为能从肉眼就能明显看到消毒全覆盖，重新制定了猪场新的消毒及进猪程序，即对腾空猪舍实行清污→清洗→浸泡消毒→火焰消毒→ 20% 石灰水 +3% 烧碱白化消毒→晾干→检测合格→进猪措施，杀灭了猪舍内的病原菌，确保了新进猪的安全。同时，增加了猪舍带猪喷雾消毒措施，提高了消毒效果（消毒程序实操见本书第 4 篇第 10 章内容）。

7. 猪场全部使用 85 度、3 分钟高温制粒全价料，确保了饲料生产环节的安全；对运送饲料的运输车辆，也在饲料公司采取先清洗消毒干净、后 70℃高温熏蒸 30 分钟烘干、再装料后用薄膜覆盖的办法（图 5-55、图 5-56），确保了运输车辆的安全；运料车达到猪场 200 米外时，再由内部运料车将饲料转运至仓库。该三个环节确保了猪场用料安全。

图 5-55　拉料车 70℃高温熏蒸消毒

图 5-56　高温消毒后的车装料后薄膜覆盖

8.将以前在生产区内居住的生产人员全部搬到生活区居住、规定所有员工不允许开小灶做饭，员工不许在生产区内外种菜、种庄稼等，杜绝了疫情在生产区的交叉感染和扩散。

9.猪场从外面引入的、经检测合格的种猪，装车前先对拉猪车进行70℃高温熏蒸30分钟，确保车辆绝对安全，猪到达猪场后，在检测合格的装猪台及道路上必须走彩条布进场、进猪舍（图5-57、图5-58），确保了途中的安全。出售的病残猪走彩条布或用专用病猪处理车运出，降低了对生产区地面的污染。

图5-57　外引种猪从彩条布进场

图5-58　外引种猪从彩条布进猪舍

10.猪场用砖和水泥对怀孕舍的通用饮水槽完成了隔断，杜绝了病毒通过饮水快速传播（图5-59）；以3头孕猪为一组，组与组之间用与栏同高、与猪头同长的铁皮隔开（图5-60），杜绝了病毒在猪与猪之间的直接接触传播。

图5-59　通用水槽隔断

图5-60　组与组间隔断

11.卖猪实行中转，即先通过装猪台将猪装上内部专用转运车，通过该车将猪运至猪场500米之外，再装上外部拉猪车，杜绝了可能带毒的外来车辆与猪场的直接接触。

12. 猪场按要求完成了各猪舍门口防汛沙袋的准备（图 5-61），以防夏季汛期过多的外部雨水携带病原进入或倒灌进入猪舍，导致非瘟发生。同时，猪场严格执行了雨雪天气下不准转群、不准对外卖猪的规定，实行专人、专车给猪舍送料（图 5-62）。

图 5-61　用沙袋防外面雨水进入猪舍

图 5-62　专车、专人给猪舍送料

13. 加大非瘟检测排查力度，全力抓潜伏"病毒"。在猪群发生重大疫病不稳定期间，猪场执行 21 天净化方案，利用高温饲料供应单位——驻马店天中后羿农牧公司的非瘟检测实验室，将猪群中检出的阳性猪立即淘汰处理，及时清除传染源；在猪群健康状况平稳的形势下，定期通过采集唾液或采血检测非瘟抗原、抗体的方式（图 5-63、图 5-64），把猪群中存在的无症状感染者及时剔除，确保猪群安全。

图 5-63　唾液包采样

图 5-64　血样采集

14. 疫情不稳定期间，要求各舍饲养员必须吃住在猪舍。在此情况下，猪场严格控制了人员流动，安排专人为隔离猪舍工作人员送饭、送物，送料，并做好消毒、卖猪、采血等工作，避免了疫病期间人为造成的交叉感染（图 5-62）。

15. 想方设法提供适宜生存环境，降低冷热应激对猪群的刺激，提高了猪群的抗病力。"谁把握住了温度，谁就把握住了养猪赚钱的关键"，说明在影响养猪生产的多种因素中，环境温度是非常重要的。据此，该场冬春季节通过使用无烟大煤炉、电热板、红外线灯，外圈覆盖彩条布、舍内搭建"屋中屋"等措施，提高了猪舍温度；夏季通过使用防晒网、电风扇＋喷雾设备、风机＋水帘、冷风机、空调等办法，降低了猪舍温度。较为适宜的生存环境，减少了冷热应激对猪群的刺激，增强了抗病力。

16. 开展生产区内环境综合治理，清除了猪舍前后空地及生产区内其他空地上的杂草、庄稼、蔬菜等（图5-65），杜绝了老鼠、野猫、鸟类的藏身之地及春夏季的蚊蝇滋生（图5-66）。通过环境治理，将原来空地上残留的粪便、药物、疫苗瓶子及外包装等，一并清理出去，杜绝了安全隐患。

图5-65 治理前猪舍间杂草丛生　　　　图5-66 治理后猪舍间整洁卫生

17. 不许饲养员参与健康猪销售，防止感染非瘟病毒。在猪群发病后未清空、连续生产的情况下，所谓出售的健康猪不一定都健康，其中也可能有部分猪属于无症状感染者。这些看似健康的猪群，如果在销售过程中掉以轻心，就可能会使这些猪在从猪栏驱赶到装猪台的过程中散毒，从而导致非瘟发生。

改进办法：一是做好销售前的准备，准备好一次性工作服、手套、帽子、鞋套及赶猪版、驱赶棒、抓猪保定器、盛有3%烧碱水的水桶（用于进出猪栏时对胶鞋的消毒）等。二是将猪从猪栏赶至装猪台的过程中，应由生活区后勤人员或从外部聘请人员，按规定洗澡、消毒、换工作服、鞋后，进入生产区猪舍将猪赶出，销售工作结束后，这些赶猪人员将猪舍猪栏、猪走道、道路等彻底清洗、消毒后方可离开生产区，整个猪群的销售过程，该舍的饲养员禁止参与。三是销售工作结束后，这些赶猪人员应按规定洗澡、消毒、换衣服和鞋。四是这些假定健康猪在整个销售过程中，其他猪舍的饲养员不准参与赶猪。五是为防止猪在销售过程中污染地面，应在猪舍圈栏口至舍门口、舍外赶猪道路及装猪台均铺彩条布，让猪从上面通过。

该猪场已转入正常生产且进入盈利状态的实践证明，上述诸措施是有效、切实可行的。对接连不断发生非瘟等重大疫病的猪场来说，要尽快恢复生产、实现盈利，"发生问题根源要找准，整改措施要执行到位"就成了关键。

第 6 章　非瘟常态化下种猪群的营养性保健

非瘟在我国发生的残酷现实让人警醒。它可不管你是现代化猪场还是传统落后猪场，造成的大小通吃，毫不留情，且复养艰难之现状，使遭受过非瘟洗礼的养猪人，再也不敢"游戏养猪"。这不仅再次验证了"家财万贯，带毛不算！"的古语，还让人们真正体会到了确保猪群体质健康、提高抗病力及建立健全生物安全防范措施的重要性。

一、我国养猪业的种猪群现状及不足

非瘟导致的有疫无猪局面，加速了猪价快速回升，有猪才是王道。为加速恢复生产，很多猪场采取了见母猪就留种的措施，使三元母猪或多元种猪充斥了我国养猪业的种群。据介绍，我国目前猪场三元母猪已占存栏母猪群总量的45%，成为很多猪场生产商品猪的主力军。这也是我国在非瘟肆虐后多数猪场不得已的做法。但这一大批健康和质量饱受争议的种猪所具有的种源缺陷，能否为猪场老板带来所期望的养猪效益，难以定论。

当下，许多猪场的母猪群已开始显现拉干粪、发情不正常、眼屎、泪斑、产仔少、产弱仔、产后无乳、少乳、母猪淘汰率高、使用年限短等各种各样的问题。母猪是猪场的生产机器，如果存在上述诸多问题，那效益肯定是没法保证的。目前，市面上有很多母猪保健产品都宣称可以解决母猪问题，但大多都是做到了表面工作或者单方面的工作，甚至是不合理地刺激母猪的单次生产性能，貌似产仔多了，但每个产下来的仔猪都比较弱，导致仔猪损失率高，同时还会降低母猪的使用年限。而真正的母猪保健，必须是一个多管齐下的营养综合性保健，既要解决母猪的问题，还要让母猪更健康，生产性能更好，使用年限更长。非瘟在我国发生多从母猪开始的残酷现实，告诫养猪人提高母猪营养保健水平、提高猪病抵抗力，是多么的重要！

二、解决我国种猪群问题的探索与实践

基于当前我国母猪群存在的上述诸多问题，牧泰生物专家组联合韩国科金、国际猪业营养研究协会，历经17个月的反复实验，最终采用韩国科金多分子螯合包被技术及乳化工艺将多种天然矿物质、维生素、造血元素科学配比，成功研制出了种猪多功能营养复合生理调节剂——姆孺旺，对增强种猪的抗病力，提高繁殖性能，进而帮助猪场提高养猪效益，具有重要意义。

（一）该产品的三个重要功效

1. 快速解决猪场母猪便秘不反弹，"排"毒素。
2. 迅速恢复母猪气血，"补"气血。
3. 提高种猪繁殖性能，"调"生殖。

（二）产品用途

1. 缓解便秘，清除猪体内自由基，排除毒素。
2. 调理生殖系统，促进母猪发情、排卵、促进乳腺发育，提高泌乳能力。
3. 补充血红蛋白、缩短产程，提高仔猪成活率。
4. 降低哺乳仔猪黄白痢，提高断奶重。
5. 能有效缓解母猪热应激，增加采食量，减少蹄裂。

（三）用法与用量

每吨全价饲料中添加姆孺旺 5 千克，混匀饲喂。各阶段种猪全价料每天的饲喂量见表 5-3。

表 5-3　种猪全价料每天饲喂量

妊娠母猪	哺乳期母猪	种公猪
怀孕 1～35 天 1.8～2.0 千克；怀孕 36～62 天 2.0～2.2 千克；怀孕 63～84 天 2.2～2.5 千克；怀孕 84 天以上 3.0～3.5 千克，日喂 2 次	产仔当天 1 千克；产仔第 2 天 2 千克，第 3 天 3 千克，以此类推，第 8 天以上维持在 8 千克左右，日喂 4 次，上、下午各 2 次	2.5 千克

本产品适用于繁殖阶段的种猪，若连续使用，效果更佳；当处于疾病状态，各种应激因素作用时，酌情提高添加剂量。

（四）姆孺旺对三元母猪的使用结果（表 5-4）。

1. 眼观效果评定见表 5-4。

表 5-4　姆孺旺使用后效果评定

观察项目	结果
眼屎、泪斑	7～10 天消失
便秘情况	3～5 天解除
体表锈色	20 天清除
采食量	5 天后日采食大增
背膘	合理降低
乳腺	饱满
断奶后发情	3～5 天
产仔数	增加 0.8～1.2 头/胎
出生仔猪	健仔多
断奶仔猪	均匀度好

2. 姆孺旺在母猪围产期使用数据对比见表 5-5。

表 5-5　姆孺旺在母猪围产期使用效果

项目	母猪头数	产程（小时）	窝平均出生头数	总出生头数	总健仔数	腹泻头数
对照组	26	4.21	11.31	294	279	52
试验组	26	3.08	12.38	322	316	16
差异		−1.13	+1.07	+28	+37	−36

试验地点：河南省周口市西华县某养猪场。

试验时间：2020 年 4 月 20 日—5 月 30 日，共 40 天。

试验阶段：母猪产前 15 天至断奶。

试验组添加姆孺旺 5 千克/吨饲料，试验猪与对照组在同一栋产房。

（本章特邀科金（珠海）生物科技有限公司技术部供稿）

第 7 章　巴尔吡尔在非瘟等重大疫病防控中的应用

由北京金娜尔公司生产的巴尔吡尔（Powerfeel），是一种无色、无味、无毒的离子碱性溶液，pH13 ~ 14，不伤害黏膜和呼吸道，缓释度高，稳定性好，安全可靠。对人来说，如果发生口腔溃疡、皮肤擦伤划伤、烧伤烫伤、蚊虫叮咬、脚臭时，使用巴尔吡尔喷雾治疗，具有很好的效果。

巴尔吡尔能维持动物机体的营养平衡，体液平衡，离子平衡，渗透压平衡，矿物质平衡。通过离子泵的作用，还原细胞健康，有很强的破壁功能，同时提高机体代谢各种酶的活性，增强神经肌肉的生理信息传导和生理调节功能，从而提高动物的免疫力和抗病力，预防恶性传染病的发生。

巴尔吡尔起先主要是用于人类恶性传染病的预防和治疗，使用的是韩国生物技术。该技术自 2002 年由北京金娜尔公司引进后，开始应用于猪病毒性传染病的防控。尤其是非瘟在我国发生以来，该产品被许多猪场按说明书运用于本病的饮水预防。因为该产品属强碱性，能杀死口腔黏膜、呼吸道、扁桃体及胃肠道中存在的非瘟病毒，因此，使不少猪场躲过了非瘟的浩劫，赚取了巨额利润。

一、巴尔吡尔的成分组成

1. 二氧化锗（GeO_2）：生远红外线，退烧、消炎，恢复疲劳，防止贫血，加速新陈代谢。

2. 镁离子（Mg^{2+}）：镁是钠钾离子细胞内外移动的"通道"，有维持生物膜电位的作用，保护心脏血液和氧气供应，增加心脏供血量，防止动脉硬化。

3. 锌离子（Zn^{2+}）：促进生长发育，提高体内酶和维生素的利用。

4. 钠离子（Na^+）：维持人体渗透压，维持细胞电荷稳定。

5. 钛离子（Ti^{2+}）：抵抗分泌物的腐蚀，适合任何杀菌方法，钛有刺激吞噬细胞的作用，增强免疫力。

6. 钾离子（K^+）：钾离子是非常重要的离子，有维持神经兴奋性的作用，维持泌尿系统、消化系统、循环系统的正常运行。

7. 锰离子（Mn^{2+}）：促进骨骼生长发育，保护细胞中粒体的完整，保证正常的脑功能，可改善机体的造血功能，维持正常的糖代谢和脂肪代谢，锰缺乏可引起神经衰弱综合症，所以锰离子是重要的一种离子。

8. 硅离子（Si^{2+}）：硅在结缔组织及软骨形成中是必需的，硅能增强钙的吸收。

9. 还原糖类。

（1）葡萄糖：补充体液，供给能量，补充血糖。

（2）果糖：是一种单糖，能快速吸收利用，缓解疲劳，缓解身体虚弱。

（3）麦芽糖：润肺、生津、去燥，防止便秘，具有补脾益气，缓急止痛，开胃除烦，滋润内脏。对肠道内的有益菌群有 10 ～ 100 倍的增值效果。

（4）甘露糖：是身体获取热量的重要来源，抑制肿瘤细胞的增长，提高喜悦感。

（5）木聚糖：肠道细胞的主粮，在肠道内缓慢降解，能达到结肠最远的地方发酵，全肠道均衡发酵。

八大离子通过 −50 ～ 50 毫伏充氮 72 小时环境下，均匀溶解在 70℃水中，然后加入五种还原糖再通过 −30 ～ 30 毫伏充氮 24 小时，形成胶体溶液，即胶体离子，这就是巴尔吡尔产品。

二、巴尔吡尔可保护猪群，预防非瘟

机体的不健康状态有两种："疾"与"病"，前者属于能量绝对过剩或相对过剩（物质不足）造成，后者属于物质绝对过剩（中毒）或相对过剩造成。其中"瘟疫"属于"疾"的范畴，"伤寒"属于"病"的范畴。搞清楚"疾"与"病"的发生基础，对于理解疾病发生的原理及制定应对方案，具有现实指导意义。

非瘟进入我国以后，给养猪业带来了巨大灾难。因为刚开始大家对本病认识不足，虽然也采取了种种防控方案，但收效甚微，所有的努力几乎白费（即俗称的"方向不对，努力白费"）。实践表明，对防控非瘟的措施创新、理论反思显得尤为必要，死守陈规只有死路一条。

免疫学上描述得很清楚：免疫细胞及其产物（细胞因子、抗体）是对抗传染病的重要物质基础。但是对于非瘟病毒感染来说，免疫反应异常迟缓，病理反应却剧烈无比，机体在产生免疫力之前已经发生了死亡。所以，预防猪群发生非瘟、保护易感猪群应该成为行业共识。

众多生产案例和实验室数据表明，非瘟病毒感染是一个缓慢累积的过程，从局部感染到全身感染有一定的时间间隔，提高局部感染期间的机体抵抗力，阻止病毒血症（即全身感染）无论从理论到实践都是切实可行的。

局部感染期间的抵抗力，来自于机体的非特异性免疫力，尤其是黏膜及分泌物的免疫力，其非特异性免疫学基础是黏膜分泌的蛋白酶类（也称为"抗性蛋白"），其浓度指标称为朊度（0 ～ 100），是衡量机体抵抗力的重要参数。猪体产生免疫力主要靠疫苗，而疫苗免疫后产生的抗体则是一种特殊的营养物质，与饲料营养水平高低有密切关系，因此，饲料中朊度的高低也可表明猪免疫后产生抗体的高低即抗病力的高低，测量朊度就是测定唾液中的总酶量的活性（测定方法见已发表的相关文献）。临床实践表明，朊度低的猪群，对非瘟病毒感染会表现出"弱不禁风"的状态。

在现代规模化养猪中，绝大多数猪场为降低饲养成本，都对猪群营养水平经过了精确的计算，即只能在良好的管理条件下满足猪群基本的生产发育需要，没有多余的营养供猪群备用。这种情况在正常生产的情况下无可厚非，但在特殊情况下，如猪群在遭受冷热应激或遇到烈性病原感染时，则没有回旋余地。猪群一旦被病毒感染，则会一败涂地。一些大型猪场在感染非瘟病毒后，毫无反手之力，最后全军覆没，应该与之有很大关系。

樊福好博士创新团队从 2019 年初到 2020 年 4 月间，用巴尔吡尔做了提高饲料蛋白朊度试验（表 5-6），表明该产品可提高饲料蛋白朊度 30% ～ 40%，即能明显提高猪群对病毒性疾病的抵抗力。这也是为何长期、全程使用巴尔吡尔的猪场，能躲过非瘟侵袭的关键。

表 5-6　巴尔吡尔提高饲料朊度实验记录（2020 年 4 月）

组别＼类别	空白	1.2 升/吨	1.6 升/吨	2 升/吨	2.4 升/吨	3 升/吨
小猪	12.80	18.00	19.06	22.14	23.46	23.62
乳猪	1.78	2.88	3.68	4.02	5.54	7.68
孕母	15.44	16.42	19.12	21.06	23.90	26.78
中猪	11.86	14.08	16.84	17.12	18.04	20.08
大猪	19.88	25.24	26.32	27.10	29.20	30.90
罗非鱼	18.48	19.78	21.86	23.88	26.62	32.04
虾粉	20.52	23.48	27.86	31.74	34.92	40.32

三、巴尔吡尔在防范非瘟时的使用方法

巴尔吡尔属于强碱性，对猪体无害，使用后可将隐蔽在猪鼻腔黏膜、口腔黏膜、唾液、扁桃体的非瘟病毒瓦解，从而降低病毒给猪场带来的严重危害。

1. 巴尔吡尔稀释 100 ～ 200 倍饮水，早上空腹饮水 1 次/天。

2. 巴尔吡尔稀释 50 倍带猪雾化消毒，每天早晚各半小时。

3. 湿拌料，1 升巴尔吡尔兑 200 千克水，拌 200 千克配合饲料，在 20 ～ 30℃ 温度条件下，保存 12 小时饲喂，最长不超过 24 小时。

上海某公司在对 68 个服务猪场开展了非瘟防控指导，取得了百分之百的成功，其选用的关键产品就是巴尔吡尔。非瘟病毒感染猪后，主要隐蔽在猪鼻腔黏膜、口腔黏膜、扁桃体内，伺机行动。如果猪舍环境好、管理到位，这些携带病毒的感染猪就不发病，成为无症状感染者；当猪群遇到突发情况如发生严重冷热应激或营养缺乏时就会趁机而入，导致猪群发病。我们要采取的措施是要把感染非瘟的猪，在病毒未进入猪体内之前，就把它消灭掉，即通过普检将个别阳性猪及时处置，再用巴尔吡尔稀释 100 倍饮水 + 适当的瘟立清对整个猪群进行预防，即可使猪群很快稳定。很多猪场的非瘟防控实践表明，检测 + 巴尔吡尔饮水是确保猪场安全、降低非瘟发生几率的有效措施。

四、巴尔吡尔长期保健的使用效果

生产实践表明，巴尔吡尔稀释 300 ～ 500 倍饮水 + 巴尔麦氏金典型 2 ～ 3 千克/吨拌料，是一种非常有效的保健方案。北京清泉湾养殖有限公司万熙卿老板（图 5-67），十多年来一直在使用巴尔吡尔饮水 + 巴尔麦氏金典型拌料组合，再加上良好的生产管理措施，在大幅降低用药成本的基础上，确保了猪场的安全生产，母猪年均提供断奶仔猪 23 头左右，取得了可观的经济效益。

图 5-67　长期使用巴尔吡尔组合的北京清泉湾养殖公司猪场

五、巴尔吡尔在养猪生产中的应用前景

1. 杀病毒，降低药物使用成本。巴尔吡尔 pH13 ～ 14，缓释度高，稳定性好，不伤害黏膜和呼吸道，专杀病毒。因为无论什么样的病毒，都不可能抵抗住 pH13 ～ 14 的强碱性攻击，从而为安全生产提供了保障。据北京清泉湾养殖有限公司万熙卿介绍，他的猪场已使用巴尔吡尔 + 巴尔麦氏组合 12 年，出栏猪头均药费不到 15 元，大大降低了用药成本。

2. 提高 30% ~ 40% 的饲料蛋白肮度，降低饲养成本。预防非瘟首先要把饲料蛋白营养做充足。使用巴尔吡尔后，可使饲料中能利用的蛋白肮度提高 30% ~ 40%，没有造成这些蛋白的浪费，也就相应提高了 30% ~ 40% 的饲料利用率，帮助猪场节约了饲料成本。

3. 对发生病毒性流行性腹泻的猪群，用巴尔吡尔稀释 100 ~ 200 倍饮水，3 ~ 4 天全部止泻。

4. 巴尔吡尔稀释 50 ~ 100 倍，在哺乳母猪乳区雾状喷洒 3 次/天，能缓解哺乳仔猪应激，预防哺乳仔猪腹泻。

（本章特邀北京金娜尔公司技术部供稿）

第6篇 危害养猪业的其他重大疫病防控技术

在非瘟常态化的严峻形势下，猪场要充分利用技术升级后的生物安全防范体系，以及现有疫苗的有利条件，认真做好口蹄疫、蓝耳病、伪狂犬、仔猪腹泻等常见的、对养猪生产危害较大的传染病的防范工作，切不可让其在防范非瘟工作中添忙作乱，否则将会给猪场带来大的损失。

本部分特邀一些技术力量强的疫苗和兽药生产企业，分别针对上述重大疫病近年来发生和流行新特点，利用其最新研究成果，对相关疫病提出防控策略，以期能对猪场养好猪、赚大钱，有所帮助。借此机会，本书对这些特邀供稿单位表示衷心感谢。

第1章 烈性传染病——口蹄疫病

口蹄疫（FMD）作为一种急性、烈性传染病，近年来在世界上一些国家和地区呈较大规模的发生，甚至一些管理较为正规的规模化猪场也在所难免，给猪场造成了重大的经济损失。现将国内外一些猪场防控猪口蹄疫病的经验进行总结、分享，有助于规模猪场采取相应的防范措施，防止本病发生。

一、全面封闭猪场拒绝传染源进入猪场

猪场应在大门口、生产区门口建立淋浴消毒间，在猪舍门口建立脚踏消毒池等三道防线，防止人员将病毒带入猪舍。特别注意的是：装猪台是猪场最容易染上疫病的地方，对外销售的装猪台应设在猪场外，使用本场专用运猪车（或拖拉机）将出售的商品猪从生产区装猪台运至场外装猪台，猪贩和屠宰人员在任何时候不得进入装猪台区域，这是控制猪口蹄疫最有效的措施。

二、坚持做好口蹄疫的预防注射尤为重要

国外有些规模猪场应用安全有效的疫苗对猪只进行免疫预防，是控制和扑灭口蹄疫病的主要技术措施。

1. 要按有关规定严把口蹄疫疫苗的购进、运输和存贮等重要环节，有条件者可进行疫苗效价检测，以确保疫苗质量。

2. 猪场兽医人员在实施免疫注射过程中，要做到认真负责，选用针头型号合理，进针深度、角度适当，疫苗注射时要足量、到位，认真做到一头猪一个针头并做到头头注射，不能出现漏防。

3. 参考的免疫程序研究表明，口蹄疫灭活疫苗一般免疫后 7 天可测得抗体，21 天左右达到峰值，二免后维持抗病力时间约为 4 ～ 6 个月，但初生仔猪母源抗体在出生后 3 日龄达峰值，然后逐步下降，至 55 ～ 65 日龄降至 1∶32 以下（免疫临界线），这可能与 28 ～ 35 天断奶有关，一旦断奶，抗体水平会快速下降。因此，应于母源抗体下降至临界值之前完成口蹄疫的初次免疫接种 2 毫升，以便使其顺利度过免疫低谷期。国外对免疫仔猪抗体水平的检测结果表明，灭活苗初次免疫后激活机体产生的抗体不高，仔猪首免后抗体上升无力，因此首免后 25 ～ 30 天需要进行第二次免疫 2 毫升，二免后由于免疫记忆细胞的不断产生，刺激机体产生的抗体逐渐上升，在二免后 21 天左右达到峰值。近年来，国内口蹄疫疫苗的质量有了质的提升，以目前养殖户使用较多的猪口蹄疫 O 型、A 型二价灭活疫苗（O/MYA98/BY/2 010 株 +O/PanAsia/TZ/2 011 株 +Re-A/WH/09 株）和口蹄疫 O 型、A 型二价 3B 蛋白表位缺失灭活疫苗（O/rV-1 株、A/rV-2 株）为例，50 ～ 60 日龄首免，80 ～ 90 日龄二免，二免后高效价抗体水平可以维持 6 个月，则肉猪于出栏时仍会维持较高的抗体水平。现根据国内猪场的免疫程序和实验室内试验结果，拟订猪口蹄疫 O 型、A 型高效苗参考的免疫程序如下：

（1）（种公猪、后备公猪、母猪）：每年接种高效苗 3 次，每次间隔 4 个月，耳后肌肉注射 2 毫升/头。

（2）种母猪：配种时接种高效苗 2 毫升/头，分娩前一个月再次接种高效苗 2 毫升/头，以确保产后哺乳母猪的母源抗体效价达到 1∶1 024 以上。

（3）断奶仔猪：50 ～ 60 日龄首免，耳后肌肉注射高效苗 2 毫升/头。

（4）生长猪：80 ～ 90 日龄二免，耳后肌肉注射高效苗 2 毫升/头。

（5）选择口蹄疫疫苗的时候建议使用"双 O+A"口蹄疫疫苗或者使用能鉴别诊断的蛋白表位缺失疫苗。

4. 若一个猪场上次发病后几个月到一年时间内再次发病，大多是由异型或同型中不同亚型毒株所致。因此应及时采集流行毒株送到有关的检疫机关进行抗原性分析，并根据变异情况，适时研制出新型疫苗，以保证免疫效果。

5. 口蹄疫疫苗在使用中应注意的问题。

第一是预防为主。要采取主动措施防止本病发生，防止外疫传入。一旦发生时就要采取紧急措施，就地扑杀，防止扩大传染，这是一个总的原则。疫苗预防免疫是防制口蹄疫的一个重要措施，但疫苗的保护率最多能达到 80% 左右，所以一定要打破一针定天下的麻痹思想。

疫苗免疫过程中，还要遵循二个原则：一是群体免疫原则，群体免疫是指个别猪只打了免疫针不管用，要全群都打。这个打了那个不打根本不起作用，它是一种群体防疫，就是检验抗体水平也是需要群体的。二是免疫要连续，要严格按照免疫程序免疫，今天打，明天不打，就不能使免疫记忆细胞产生累加反应刺激机体产生高水平的抗体。

三、采取有力措施认真做好消毒灭源工作

见本书第 5 篇第 10 章的有关内容。

四、加强饲养管理

见本书第 7 篇第 5 章的相关内容。

五、注意疫病的动态

发现哪个地区有口蹄疫，应禁止该地区人员进场，属该地区的本场工作人员不能回家探亲，经常和当地防检部门联系、沟通，了解疫病动态，及时采取相应措施，防止疫病的发生。

六、如何及早发现猪场发生口蹄疫

口蹄疫疫情的控制，关键在于早发现早封锁，小范围隔离、扑杀处理。故要求猪场的工作人员，必须保持高度警惕，在猪场附近发生疫情时，经常检查猪群的健康情况。

（一）猪群发生口蹄疫病时的症状

猪场工作人员必须懂得猪发生口蹄疫时的临床症状，当发病时，患猪一般常会挤于猪栏角落阴暗处；有时可见全身毛松乱，精神差；驱赶时起立困难，站立不稳，常会发出痛苦的尖叫声，这时四肢蹄冠及鼻镜边缘可能有水泡，应仔细观察。不同猪场或猪群猪只发生口蹄疫病的临床症状不一致，抵抗力强的患猪，四肢蹄冠起水泡只是出现轻度跛行，鼻镜出现大水泡仍采食正常，有时只是单脚起泡，较难判断。哺乳母猪可见乳区有白色水泡，哺乳仔猪脚痛，跪行或突然死亡。患猪一般会在发病 2～4 天后蹄匣脱落。

（二）猪场日常检查方法

1. 保育、生长、育成舍

正常情况下每天检查一次，也可在冲洗猪栏时留意不愿起立、跛行、嘶叫的猪只。检查时用一支足够长的竹杆，先配好一桶百疫灭消毒水，在猪栏外用竹杆驱赶猪只，检查一栏猪后用消毒好竹杆再检查另一栏猪。

2. 分娩舍、配种舍、怀孕舍

喂料时应留意不愿站立吃料的猪只以及检查其鼻镜有无水泡，发现不愿站立吃料的猪只，喂完料后应马上认真检查四肢蹄冠及鼻镜上缘有无水泡及是否出现跛行；哺乳母猪应留意乳房区有无白色水泡，仔猪有无挤堆，跪行，驱赶有无痛苦的尖叫声或出现突然死亡。

七、规模猪场发生口蹄疫病时的紧急防制措施

当猪场发生口蹄疫病或疑似口蹄疫病时，要胆大细心。胆大就是要迅速采集病料，立即处决或隔离病猪；细心就是要怀疑周围的一切物品包括人员已被污染，要采取仔细的消毒措施，不要因急切而到处随意走动，乱放物品，要对每一件物

品彻底消毒，包括人员最易污染的鞋、手和衣物等；然后送检病料到实验室检测是否是口蹄疫或水泡病感染，若是口蹄疫病时应及时鉴定出毒型（O 型或者 A 型）；同时必须按"早、快、严、小"原则，采取得力的紧急措施，尽快将口蹄疫病消灭在萌芽状态。

1. 饲养员或工作人员发现有可疑患猪时，不能离开本栋猪舍，应先就地消毒好自身的手及水鞋，呼唤其他猪舍的工作人员马上将情况报告给兽医，确认为口蹄疫病猪后，及早采取措施。

2. 立即严格封锁疫场，发病期间禁止向外出售任何猪只。饲养员应各就各位，不得到其他猪舍工作（串仓），并立即使用对病毒效果较好的消毒剂对猪舍、猪群、生产区内的主要通道进行严格消毒，每天对场区附近外部环境进行 6 次严格消毒，并安排两名工作人员专门负责猪舍外围的消毒工作。猪场生活管理区每日消毒 1 次。

3. 用隔离物（如彩条布）将整栋猪舍围成三个区域：即疫点、准疫点、准健康区。三区按下列要求界定和进行消毒：

疫点：发病猪栏左右 2 个猪栏及发病猪栏对面 3 个栏，合计 6 个猪栏，要求每 3 ～ 4 小时消毒 1 次。

准疫点：同栋猪舍内除疫点外的其他猪栏，每天消毒 4 ～ 5 次，

准健康区：与发病猪舍相邻的猪舍，每天消毒 2 ～ 3 次。其他猪舍每日消毒 1 次。加强对猪舍内空气的喷雾消毒，以起到空间消毒作用。

4. 发病猪场应安排专门人员日夜值班，限制疫点（发病猪舍或发病猪场）人员的行动；进入疫点的工作人员必须在该疫点门口第 2 次更换工作服和工作鞋，并严格消毒手臂。进入疫点的人员不准再进入健康猪舍；疫点人员食宿应集中，严禁疫点工作人员与非疫点工作人员同一室居住，疫点与非疫点的工作人员以及饲料进入疫区后的运动和运输路线不能交叉，使用的工具和用品必须严格分开。

5. 实施紧急预防接种。预防接种疫苗可以抵抗一定量的病毒攻击，是防制口蹄疫的主要措施之一。在紧急注射疫苗时应注意下面几点：

（1）紧急预防接种疫苗应从远离疫点的猪舍向疫点方向接种。

（2）非疫点的兽医接种非疫点猪只，疫点内兽医只限于疫点内接种，二者不能交互进行，非疫点兽医不得进入疫点接种疫苗，疫点兽医也不能进入非疫点接种疫苗。

（3）接种疫苗时要求一头猪一个针头。

（4）注射疫苗时要充分摇匀疫苗，深部肌肉注射，注苗速度要慢，注射完疫苗要观察有无反应，若发现注苗猪出现突然倒地休克，过敏反应，可用肾上腺素紧急抢救。注射剂量：保育猪 2 毫升/头，生长猪 2 毫升/头，大猪（含种猪）2 毫升/头，母猪产前 30 ～ 40 天已免疫时可不再注射，对紧急预防过高免血清的中、大猪，10 天后再免疫一次。

（5）紧急预防接种应选择"双O+A"的猪口蹄疫O型、A型二价灭活疫苗（O/MYA98/BY/2010株+O/PanAsia/TZ/2011株+Re-A/WH/09株）或者能鉴别诊断的口蹄疫O型、A型二价3B蛋白表位缺失灭活疫苗（O/rV-1株、A/rV-2株）。

6. 对发病猪及其同群猪作扑杀处理。国外多采用本办法对发病场的所有猪只全部扑杀，采取对猪场主损失全部赔偿的办法以消灭传染源，达到尽快控制口蹄疫病之目的。

（1）可采用电击等方式扑杀患病猪，扑杀后病猪尸体用不漏水的双层塑料薄膜包装捆绑，用高浓度的消毒液泼洗整个猪栏及尸体。参与扑杀和包裹死猪的人员应戴帽、口罩及手套。在做完消毒工作后应换下所有衣服、帽、口罩及手套，放于高浓度的消毒液（1:200的活性氯）内浸泡消毒。

（2）病猪尸体可移至猪栏外露天（运动场）就地浇上柴油烧毁，但应注意安全，慎防火灾。也可将病猪尸体深埋处理，应预先安排人员挖好深坑，坑深度应在3米以上，选好运猪路线，由疫点内的工作人员负责搬运死猪，运至已挖好的深坑内深埋，坑内先铺一层10厘米左右的氯制剂消毒药粉，深埋每一层死猪后，再铺一层消毒剂。运输死猪经过的主要通道及猪舍之间的空地均应严格消毒。

口蹄疫一般不直接引起成年猪的死亡，但对新生幼猪的致死率高达90%以上，当此病暴发时新生仔猪的症状表现为急性经过，当仔猪吸乳后突然倒地而尖叫，口吐白沫或血沫，四肢及全身震颤发抖而立即死亡。

7. 做好发病猪场的消灭传染源工作。见本节的有关内容。

8. 当最后1头病猪扑杀处理完毕（或痊愈），猪场不再出现新的病例后3周，才可以解除封锁；对饲养过病猪的猪舍和周围环境、所有工具、食槽及工作服、鞋等物品，应进行3次以上严格彻底消毒，并清理消毒猪舍的下水沟；猪舍隔3~5天后，再用生石灰（指示剂）加烧碱水反复刷洗消毒2~3次以上，经一定时间空置后（起码3周以上），才可以重新投入生产。

（本章特邀中牧实业股份有限公司技术部供稿）

第2章 猪繁殖障碍性疫病——蓝耳病

第1节 蓝耳病的流行形式及防控策略

猪繁殖与呼吸综合征（PRRS）俗称"猪蓝耳病"，目前已成为全球规模化猪场的主要疫病之一，也是全球猪病控制上的一大难题。猪蓝耳病从1995年侵入我国，并迅速暴发，给我国的养猪生产造成了巨大的经济损失，成为困扰养猪生产主要的繁殖障碍疫病之一。近年来，随着病原的变异，猪蓝耳病的流行形式和危害程度都发生了变化，如何根据变化，因时而异、因地而异制定科学的方案，降低危害，减少损失，是猪场老板最为关心的问题。

一、猪蓝耳病的传播途径

目前，猪最主要的感染方式是，由鼻腔进入并在其内初步繁殖，再进入肺大量繁殖，由此进入全身。通常的传播途径有：

1. 排泄物传染。大猪由排泄物鼻腔液、唾液、粪和尿感染小猪。

2. 环境的传染。一直有猪的畜舍病毒数极高，特别是保育舍；被污染的雨鞋、衣服；被污染的器具、运猪车等；车辆（特别是温度较低的天气）。

3. 带病猪传染，带毒公猪之精液，带毒母猪由胎盘传给仔猪，感染的大猪排毒约 14 天，但生长猪则长达 1 ～ 2 月。

4. 其他。空气传播，传播直径可达 3 公里；鸭子也可能传毒。

根据法国的研究资料，猪群间 56% 的 PRRSV 感染是通过感染猪的接触传播，20% 通过感染的精液传播，21% 通过污染物传播，3% 传染源不明。

二、近年来蓝耳病的主要流行形式

从近年来 PRRS 流行的情况来看，本病主要与其他病原并发甚至发生继发感染，容易引发感染的主要病原及原因如下：

（一）猪瘟（HC）是 PRRS 发生后的首要继发感染病，发生于各类猪群，是引起 PRRS 死亡率升高的主要原因

调查表明，目前许多猪场约有 10% 左右的猪带有 HCV 强毒。一旦猪群抵抗力下降，潜伏的 HCV 强毒便乘机致病。这些都说明在 HC 的防制方面，消除 HC 的亚临床感染是非常重要的。2001 年在 PRRS 烈性流行中，各类猪群最易继发的感染就是 HC，连多年免疫了 HC 疫苗的老母猪也不能幸免。在 PRRS 流行中，对无症状猪群接种 HC 疫苗，普遍引起发热，表明由于 PRRS 导致的机体抵抗力下降，连 HC 疫苗也能引起体温反应。

（二）PRRSV 与圆环病毒 2 型混合感染是导致 5 ～ 13 周龄的猪大批死亡的原因

近年来 PRRS 发生后，在一些猪场 5 ～ 13 周龄猪群中，发生一种以进行性呼吸困难为特征的致死率很高的疾病。症状为发热，渐进性呼吸困难，少数出现黄疸、消瘦。发病规律为 5 ～ 6 周龄开始发病，8 周龄为发病高峰，9 周龄为死亡高峰，以后逐渐减少。病变特点为多部位淋巴结明显肿大，严重间质性肺炎，有黄疸症状者见明显肝脏病变。病料送检时检出 PRRSV 与 PCV-2。研究表明，PCV-2 母源抗体水平于 8 ～ 10 周龄时降至不可测到的水平。表明本病是由 PCV-2 与 PRRSV 联合感染所致。

（三）PRRS 的流行还继发多种细菌性感染。其中，最易引起副猪嗜血杆菌的感染，它是引起断奶仔猪和生长前期猪死亡的重要原因

根据其多发性浆膜炎和关节炎的剖检病变特征可以作出初步诊断。在剖检中，断奶猪出现严重的纤维素性心包炎与腹膜炎，在生长前期猪，发现左心室二尖瓣上附着大量灰白色赘生物。

（四）PRRS 发生后，细菌性感染的生长中后期猪，表现为呼吸道疾病综合征

由于 PRRS 破坏肺泡巨噬细胞，使猪的许多呼吸道病原体极易在呼吸道内侵入而致病。各种病原体在致病中的作用，不是简单的相加性混合感染，而是相乘性互相促进致病。

根据剖检和有关资料，引起呼吸道疾病综合征的首要病原体还是引起喘气病的支原体，其次为引起胸膜肺炎的放线杆菌、巴氏杆菌、支气管败血波氏杆菌、大肠杆菌、链球菌等。

呼吸道疾病综合征的症状有发热；咳嗽，有时极为剧烈，有时极为顽固；呼吸加快或气喘。剖检病变有各种支气管肺炎，纤维素性胸膜肺炎，化脓、坏死性肺炎和大量喘气病特有的融合性支气管肺炎。

呼吸道疾病综合征导致育肥猪发病率和死亡率升高，药物支出成本增加，经济效益下降。在 PRRS 流行中，由大肠杆菌引起的仔猪黄、白痢和仔猪水肿病，魏氏梭菌感染，败血型链球菌病等的发病率均见增加。

三、降低猪蓝耳病危害的相关策略

在猪蓝耳病的控制上，首先要对该病的复杂性和潜在危害有充分的认识。如果猪群饲养条件好、环境中没有其他病原存在，即使猪群感染 PRRSV，也不会造成太大的损失。因此针对该病目前存在的持续性感染、亚临床感染、免疫抑制和易继发感染等特点，特提出以下几方面的防范建议及措施：

（一）后备猪引入的管理建议及措施

1. 封闭猪场，尽可能不从外部购买后备猪。

封闭猪场，不从外部购买后备猪，是防范猪蓝耳病的最直接的措施。如果不得不从外部购买，建议分成三期：

第一期：约在 4 月龄左右购入，在良好的隔离地点和好的环境适应设施的情况下实施隔离：隔离期 30 天（依移入日龄而定），稳定期单独饲养；

第二期：适应 30 天，将母猪和本场肉猪或将淘汰老母猪混养（隔栏亦可），每 14 天换栏一次；

第三期：恢复 30 天让所有母猪稳定下来，最好能在 180～210 日龄完成将母猪移入待配舍（移动之目的除了移开栏舍外，最后一次移动有刺激发情之意）。

分三期走，可以最大可能使母猪在早些接触自己场猪所感染的蓝耳病病毒之前产生抗体，对未来怀孕及小猪均有好处。

2. 新购公猪要隔离 95～120 天才能使其病毒排除，再和本场母猪养在一起（隔栏）约 60 天。这样，在母猪没有感染，而公猪有感染或感染之病毒不一样的情况下，母猪感染后会有相当剧烈的反应（流产状况），因此，留置公猪至少 95 天是必要的。

（二）肺炎的预防建议及措施

PRRS 和肺部吞噬细胞表现了较强的亲和力。如果能预防肺炎病菌感染，将有效减少仔猪或生长猪死亡。因此，要加强对仔猪保温，保持猪舍干燥，可以减少呼吸道疾病数量、减少氨气量（因为氨气会伤害猪的肺部），均可减少猪只死亡数量。

（三）疫苗的预防建议及措施

疫苗是预防猪蓝耳病的最有效的措施。佑本疫苗佑蓝泰（蓝耳病基因工程重组嵌合弱毒活疫苗）免疫后能够有效区分疫苗免疫及野毒感染，而且不散毒，不重组变异，不造成组织损伤及免疫抑制。结合佑本疫苗佑蓝宝（蓝耳病灭活疫苗）的持续坚持免疫，能够既保持蓝耳抗体的持续阳性，又能有效降低蓝耳野毒在猪群及环境中的病毒荷载量。通过采用佑本的完美蓝耳病解决方案，达到安全有效的防控蓝耳病的目的，维持猪群在蓝耳病方面的持续稳定。可根据猪场的实际情况因时因地采取不同的措施。

1. 阳性稳定场

（1）公、母猪首免：所有公母猪普免一次佑蓝宝（蓝耳病灭活苗）2 毫升 /（头·次）；间隔 3 周，再次用佑蓝宝加强普免一次 2 毫升 /（头·次）。以后 4 次/年佑蓝宝普免一次，2 毫升 /（头·次）。

注：首免的前 3 天和后 4 天用 20% 替米考星拌料饲喂，用量为 1 千克/吨；免疫途径为颈部肌肉注射。

（2）仔猪：21 日龄—断奶，佑蓝宝 1 毫升 /（头·次）。

2. 阴性场可以不免疫

3. 不稳定场

（1）公、母猪首免：所有种猪群，蓝耳弱毒苗 0.5 头份 /（头·次）+ 佑蓝宝 2 毫升 /（头·次）（二者颈部两侧分开注射），普免一次；间隔 3 周佑蓝宝，2 毫升 /（头·次），加强普免一次；以后每 3 个月所有公母猪，佑蓝宝 2 毫升 /（头·次），普免一次。

注：首免的前 3 天和后 4 天用 20% 替米考星拌料饲喂，用量为 1 千克/吨；免疫途径为颈部肌肉注射。

（2）仔猪：10 ～ 14 日龄，蓝耳弱毒苗启动免疫，0.5 头份 /（头·次）；21 日龄—断奶当天：佑蓝宝 1 毫升 /（头·次）。

4. 后备猪的免疫程序

（1）自留后备猪：10 ～ 14 日龄，蓝耳弱毒苗启动免疫，0.5 头份 /（头·次）；断奶当天，佑蓝宝 1 毫升 /（头·次）；140 日龄，佑蓝宝 1 毫升 /（头·次）。

（2）外引后备猪：引入当天，蓝耳弱毒苗 0.5 头份 /（头·次）+ 佑蓝宝 1 毫升 /（头·次）（二者颈部两侧分开注射）；间隔 3 周，佑蓝宝 1 毫升 /（头·次）。

注：第二次免疫佑蓝宝的前 3 天和后 4 天，用 20% 替米考星拌料饲喂，用量为 1 千克/吨；免疫途径为颈部肌肉注射。

5. 蓝耳病疫苗的免疫效果评估

生产中对蓝耳病疫苗的免疫效果评估，主要是生产成绩评估，也是猪场选择蓝耳病疫苗的有效办法：①母猪评估指标：流产率、分娩率、窝均产健仔数。②仔猪评估指标：保育仔猪成活率。

据杭州佑本动物疫苗有限公司统计，截至 2019 年 3 月，该公司生产的佑蓝宝（蓝耳病灭活苗）对全国 180 多万头母猪的免疫跟踪效果表明：该疫苗可降低不稳定场母猪群的流产率，增加母猪配种分娩率 3.9% ～ 10.4%，增加断奶健仔数 0.5 ～ 1.7 头/窝。全国 300 多万头仔猪免疫效果表明：佑蓝宝可以降低蓝耳病阳性不稳定猪场 6 ～ 8 周龄仔猪的蓝耳发病率，进而提高了保育猪的成活率；蓝耳阳性稳定场免疫佑蓝宝，可以增加仔猪日增重。

研究者将猪群按照妊娠前期（＜ 30 日）、中期（30 ～ 85 日）、后期（＞ 85 日）和空怀四个时期，每个时期分为三个组，分别注射杭州佑本有限公司生产的佑蓝宝（蓝耳病灭活苗）、佑圆宝（圆环病毒灭活苗）+ 佑蓝宝，以及等量的生理盐水。

（1）用 IDEXX 蓝耳抗体试剂盒对免疫前后血清进行抗体检测。结果表明：免疫前，血清抗体在妊娠后期和空怀期母猪阳性率最高，分别为 78.46% 和 84.47%，离散度分别为 76% 和 83%；妊娠前期母猪阳性率为 86.82%，离散度为 45%；免疫后总体母猪血清抗体结果阳性率为 96.33%，离散度为 40.34%。可见：佑蓝宝免疫后能够提高猪群的阳性率，离散度维持在合理的范围内，母猪群个体间的差异较小，能够使猪群稳定下来。

（2）用病原试剂盒分别对免疫前和免疫后血清进行病毒荷载量检测，结果表明，免疫后血清中病毒降低并呈阴性。

（3）试验生产数据表明，在妊娠前中期同时免疫佑蓝宝和佑圆宝的母猪，窝均死胎、木乃伊、弱仔、畸形胎仅为 0.8 头，比生理盐水对照组降低 1 头。

本研究表明，在妊娠前中期同时免疫佑蓝宝和佑圆宝最好，并且可以降低血液中病毒荷载量，降低窝均死、木、弱、畸胎数，提高窝均健仔数。

（四）综合防治建议及措施

1. 种源控制

严把种猪引进关，目前 PRRS 在我国之所以流行广，危害大，与种猪频繁交换有直接关系。严禁从疫场引进种猪，种猪引进之前必须进行 PRRS 的检测，杜绝 PRRS 病毒携带猪的引入，引进的种猪在隔离观察期间进行 PRRS 灭活疫苗的基础免疫。

2. 环境控制

由于 PRRSV 具有高度的传染性，可通过粪、尿及腺体分泌物散播病毒，因此每周至少带猪消毒 1 ～ 2 次，实行全进全出制，各阶段猪转出后，彻底消毒所在栏舍，空置 2 周以上再进新猪。空气传播也是重要传播途径之一，场区一般每月消毒 1 次。

3. 定期对 PRRSV 感染状况进行检测，跟踪该病在猪场的具体情况

一般一季度对各阶段猪群进行采样检测，如果四次检测抗体阳性率无变化，则表明该病在猪场是稳定的。否则，说明该场在管理与卫生消毒方面存在有问题，应加以改善。

4. 猪场应彻底实现全进全出

至少要做到产房和保育两阶段的全进全出，以切断蓝耳病在不同年龄段之间的传播。

5. 建立健全猪场的生物安全体系

一方面防止外面疫病的传入，另一方面通过严格的卫生消毒措施，把猪场内的病原微生物的污染降低到最低限度，可以有效控制和降低猪群的继发感染机会。

6. 做好猪群饲养管理

近年来猪越来越难养，其根本原因在于猪群存在两大免疫抑制性疾病。其一就是猪蓝耳病，其二是猪圆环病毒 2 型感染。在猪蓝耳病毒感染猪场，应做好各阶段猪群的饲养管理，用好料，保证猪群的营养水平，以提高猪群对其他病原微生物的抵抗力，从而降低继发感染的发生率和由此造成的损失。

7. 适当使用药物控制猪群的细菌性继发感染

猪蓝耳病的危害更多地体现在感染猪群的继发感染。PRRSV 感染猪群由于免疫功能的损害，易引起一些细菌性的继发感染，因此建议，在母猪产后阶段、仔猪断奶后、转群等阶段，按预防量适当在饲料中添加预防呼吸道疾病的药物，以防止细菌（副猪嗜血杆菌、链球菌、沙门氏杆菌等）继发感染。

8. 做好其他疫病的免疫接种

控制好其他疫病，特别是猪瘟、猪伪狂犬病和猪气喘病的控制。在猪蓝耳病感染猪场，应尽最大努力把猪瘟控制好，否则会造成猪的高死亡率；同时应对喘气病进行接种，以减轻其对肺脏的损害，从而提高猪群肺脏对呼吸道病原体感染的抵抗力。

9. 对母猪群实行分胎次饲养

鉴于头胎母猪及其后代仔猪的健康状况不稳定，建议对母猪群实行分胎次饲养，即将怀孕的后备母猪在产仔后断奶前，与二胎以上的生产母猪分开饲养，两者的后代也要分开饲养，以切断蓝耳病毒在母猪群之间、头胎与二胎母猪的后代之间的相互传播。

（本节特邀杭州佑本生物制品有限公司技术部供稿）

第 2 节　猪场蓝耳病的"清静计划"方案

蓝耳病长期危害养猪生产，尤其在中国猪群密集、转群流动频繁的猪场，更易发生和流行。为降低本病造成的巨大损失，探索防控新方法，佰高威盛（上海）动物药业有限公司（以下简称"佰高威盛"）在现有疫苗的基础上，经过大量的临床数据和实验研究，将其产品与蓝耳病疫苗的使用相结合，形成了一套改善猪场猪群亚健康状态的技术方案，即"清静计划"，对确保蓝耳病阳性猪场的安全生产和提高生产成绩，做出了贡献。

一、蓝耳病"清静计划"的设计原理

首先是对妊娠母猪的营养管理和膘情控制，添加产品维尔美，让母猪乳腺发育达到一个新的程度，取得好的母源抗体，同时得到好的仔猪初生重。

维尔美是由佰高威盛公司多年研究，采用全球领先的空气雾化包被制成的一种功能性营养添加剂，它富含 18 种氨基酸和 13 种维生素，能够最大限度地满足猪机体对营养的需求，提高机体的非特异性免疫力和抗应激能力，提升母猪的繁殖性能和泌乳性能。

其次是通过产品希特力这个免疫增强剂的添加，增强母猪抗病能力，清除猪只血液中游离的蓝耳病病毒，降低蓝耳病的病毒血症，使猪场蓝耳病处于阳性稳定平静的状态，同时预防了蓝耳病病毒的脐带垂直传播，阻止产前感染，减少弱仔，提高仔猪均匀度和整体窝重。即在母猪妊娠后期及哺乳期通过添加希特力，有效阻止蓝耳病病毒的侵蚀，为猪场稳定生产保驾护航，该产品与蓝耳病疫苗的联合使用，可增强疫苗的免疫效果，使猪场更有竞争力。

佰高威盛的母公司 Franklin-Framelco 近 40 年来致力于抗生素替代产品的研发，成功开发了"FRAC12"（希特力），其主要成分就是 α－单月桂酸甘油酯，该物质对蓝耳病等有囊膜的病毒具有破坏作用。作为免疫营养物质，本品进入机体后，直接通过小肠绒毛细胞吸收进入淋巴循环，通过破坏蓝耳病病毒的囊膜使病毒失活，失去感染性，从而达到降低蓝耳病病毒血症，防止病毒横向和垂直传播之目的。

对蓝耳病病毒感染猪场，以母猪流产等繁殖障碍为主，哺乳仔猪、保育猪和生长猪群以呼吸道疾病为主，如果细菌继发感染后死淘率会显著上升。目前，猪场多通过疫苗免疫，使疫苗毒株在猪群中形成优势毒株，是稳定猪场蓝耳病的必要方式。但在猪场存在蓝耳病野毒感染的情况下，其毒力和扩繁能力要远远高于疫苗毒株，在此情况下直接使用疫苗建立优势毒株是比较困难的，这也是一些猪场有时反映使用蓝耳病疫苗后，免疫效果不理想的主要原因。"清静计划"旨在用疫苗建立优势毒株前，先用希特力破坏蓝耳病病毒囊膜、降低野毒感染能力后，再用疫苗免疫，即可使疫苗毒株在猪场形成优势毒株，从而达到提高免疫效果之目的。

二、蓝耳病"清静计划"的实施

（一）降低蓝耳病病毒在母猪怀孕后期的排毒量，保持产房猪群蓝耳病的稳定，给安全生产创造条件

目前，许多猪场在生产管理上，做不到全进全出的严格隔离，在产房存在不同生理阶段的母猪混养现象，为蓝耳病的发生和感染传播创造了有利机会。因

此，除从生产管理上改变上述做法、做到批次化的全进全出管理模式外，还要使用在饲料中添加希特力，阻断蓝耳病的垂直传播及水平传播。

1. 产前 3 周每吨料添加希特力 4 千克和维尔美 1 千克，增加初生重及降低死胎率；产后 3 周添加希特力 4 千克和维尔美 1 千克，增加仔猪断奶重及提升母猪的断奶发情率。

2. 配合蓝耳病疫苗的使用，使疫苗毒株尽快形成优势毒株。即在蓝耳病疫苗免疫前，连续使用希特力和维尔美 3 周，每吨料添加希特力 4 千克和维尔美 1 千克，间隔 3 天再进行疫苗免疫。

（二）减少保育期猪群的应激感染，促进仔猪健康生长

研究表明，仔猪在 6 ～ 7 周龄时处于蓝耳病病毒的活跃期，这也是导致刚断奶保育猪最容易发生蓝耳病的关键因素。由于断奶对仔猪可造成很大应激，导致采食量及抗病力下降，很容易激发蓝耳病病毒感染，继发猪副嗜血杆菌、猪链球菌等疾病，这也是断奶保育猪发生呼吸道疾病后，难以控制的根本原因。猪场通常都会用抗生素给药预防和治疗，除增加猪只肝肾功能负担外，效果常不理想，直接导致保育猪达 70 日龄时，体重小于 25 千克/头（大部分在 20 ～ 22 千克/头）。这种情况将严重影响日后的生长速度，使育肥期的饲养时间延长，不但增加了饲养成本、降低了养猪效益，也因出栏期延后增加了猪病感染的风险。因此，在此阶段在饲料中添加希特力，可降低蓝耳病对保育猪的危害，使 70 日龄仔猪体重达到 25 千克/头以上。

使用方法为：仔猪断奶开始在饲料中添加希特力，前 2 周 4 千克/吨料，后 2 周 3 千克/吨料，同时配合 500 克/吨维尔美。

（三）对公猪使用希特力，可降低精液中蓝耳病毒的感染量

研究表明，蓝耳病毒可通过公猪精液传染给母猪。目前，多数猪场使用猪人工授精技术，目的是减少公猪的饲养数量，降低饲养成本，提高优良公猪的使用效能。虽然使用的公猪数量少，但如果这些公猪感染了蓝耳病野毒，将会通过人工授精途径感染更多母猪，从而形成蓝耳病在猪场的持续感染，最终导致猪场蓝耳病的不稳定。监测表明，对公猪使用希特力 2 周后存栏公猪只有 10% 排毒，使用 3 周后，检测不到排毒现象。因此，对公猪使用希特力可杜绝或减少蓝耳病毒通过精液传播。使用方法为：首次使用的前 3 周拌料 3 千克/吨料；之后长期添加希特力，使用量为 2 千克/吨料。使用 6 个月后监测，使公猪处于稳定但不排毒的安全范围内，不会再对生产造成危害。

三、蓝耳病"清静计划"的实施效果

1. 陕西省延安市某集团化猪场，母猪产前 3 周到断奶，每吨料添加希特力 4 千克和维尔美 1 千克的使用效果见表 6-1。

2. 河北某公猪站每吨料添加希特力 3 千克和维尔美 1 千克，持续使用 6 周的使用效果见表 6-2。

表 6-1 添加希特力和维尔美的饲料使用效果

项 目		试验组	对照组	差值
繁殖性能评估	母猪头数	36	36	0
	总仔数	478	491	−13
	死胎	23	35	−12
	弱仔	14	19	−5
	木乃伊	7	9	−2
	健仔总数	434	428	6
	窝均总仔	13.28	13.64	−0.36
	窝均健仔	12.06	11.89	0.17
	初生重（千克）	1.45	1.37	0.08
	健仔率（%）	90.79	87.17	3.63
泌乳性能评估	断奶总数	418	407	11
	窝均断奶	11.61	11.31	0.31
	断奶日龄	24	24	0
	断奶均重（千克）	6.78	6.21	0.58
	日增重（克）	222.08	201.67	15.36
	窝增重（千克）	61.89	54.72	7.17
	成活率（%）	96.31	95.09	1.22
	断奶发情率（%）	92	83	9

表 6-2 某猪场公猪蓝耳病监测

使用"希特力"6个月监测结果				对照			
编号	OD 值	S/P 值	结果	编号	OD 值	S/P 值	结果
1	0.485	0.846	阳性	11	1.221	3.11	阳性
2	0.394	0.672	阳性	12	0.476	1.129	阳性
3	0.923	1.685	阳性	13	0.878	2.198	阳性
4	0.476	0.829	阳性	14	0.864	2.161	阳性
5	0.725	1.307	阳性	15	0.852	2.129	阳性
6	0.733	1.321	阳性	16	0.993	2.504	阳性
7	0.251	0.395	阴性	17	0.872	2.182	阳性

（续）

使用"希特力"6 个月监测结果				对照			
编号	OD 值	S/P 值	结果	编号	OD 值	S/P 值	结果
8	0.319	0.528	阳性	18	0.604	1.469	阳性
9	0.229	0.355	阴性	19	1.39	3.126	阳性
10	0.464	0.804	阳性	20	0.702	1.73	阳性

注：蓝耳病抗体检测：S/P 值≥ 0.40 为阳性，< 0.40 为阴性。

四、执行"清静计划"的影响因素

"清静计划"是提升蓝耳病阳性场综合生产成绩的技术方案，工作中应严格按照计划方案去执行，猪场生产效率会得到很快提升，否则，该方案效果就得不到明显的体现。常见的影响因素有：

1. 没有耐心，没有严格按照"清静计划"执行，偷工减料，尤其是希特力使用量不足；

2. 执行过程中，猪群存在伪狂犬、猪瘟等传染病感染；

3. 生产中存在母猪饮水不足、饲料霉菌毒素超标、热应激、采食量低等；

4. 没观察，没记录，猪场管理混乱，实验对比错误，对比提前等；

5. 母猪群管理水平低下，母猪太胖或太瘦。

蓝耳病对生产的严重危害人所共知，猪场"与蓝共舞"可以说是一种常态。但如何让猪场蓝耳病处于阳性持续稳定状态，把蓝耳病对猪场的影响降到最小，是猪场今后的努力方向。期望"清静计划"能对猪场确保蓝耳病的稳定、提高经济效益有所帮助。

（本节特邀佰高威盛（上海）动物药业有限公司技术部供稿）

第 3 章　猪伪狂犬病流行新特点及防控新策略

猪伪狂犬病是由伪狂犬病病毒（PRV）感染引起的多种动物以发热、奇痒（猪除外）及脑脊髓炎为主要症状的急性、热性传染病。0.5% ～ 1% 氢氧化钠迅速使其灭活，对乙醚、氯仿等脂溶剂以及福尔马林和紫外线照射敏感。

一、伪狂犬对养猪生产的危害

伪狂犬病对猪的危害甚大，给全球养猪业造成了巨大损失，世界动物卫生组织（OIE）将其列为法定报告疫病。以美国为例，1961 年损失达 1.6 亿美元，1980 年达 3 亿美元，1990 年达 6 亿美元，从全世界来看，每年损失可达几十亿美元。本病可使母猪流产、死胎、木乃伊胎，导致初生仔猪大量死亡，公猪不育，育肥猪呼吸道症状、生长停滞等，是危害全球养猪业的重大疾病。我国在《国家中长期动物疫病防

治规划（2012—2020 年）》中，将本病列入优先防控和净化的疫病之一。

二、病理变化

病死猪存在明显的非化脓性脑炎变化，脑膜充血、水肿，脑实质小点状出血；呼吸系统的病变有肺充血、水肿，上呼吸道常见卡他性、卡他化脓性和出血性炎症，内有大量泡沫样液体。母猪流产、死产、胎儿大小一致，有不同程度的软化现象，子宫内感染后可发展为坏死性胎盘炎，胸腔、腹腔及心包腔有少量棕褐色潴留液，肾脏及心肌出血，淋巴结、扁桃体、肝、脾、肾和心脏表面，可见直径 1 ～ 2 毫米灰白色或黄白色坏死灶，类似针点或小米粒状的坏死灶，数量不等。

三、临床症状

不同年龄段猪发生伪狂犬的临床症状如下：

（一）仔猪

高热（41 ～ 42℃）、食欲废绝、神经症状、昏睡、鸣叫、流涎、呕吐、拉稀、抑郁震颤，继而出现运动失调、间歇性抽搐、昏迷以至衰竭死亡，一旦发病，1 ～ 2 天内死亡。

（二）保育猪

发病率在 20% ～ 40%，死亡率 10% ～ 20%，主要表现为神经症状、拉稀、呕吐、咳嗽等。

（三）育肥猪

高热、厌食、咳嗽、流鼻液、打喷嚏等呼吸道症状，精神沉郁，个别表现神经症状，呕吐，死亡率 10% ～ 30%。

（四）种猪

母猪流产、产死胎、木乃伊胎和弱仔，新疫区可造成 60% ～ 90% 怀孕母猪流产和产死胎；还可导致感染母猪不育、屡配不孕，返情率高；公猪感染伪狂犬病毒后，表现不育、睾丸肿胀、萎缩，丧失种用能力。

四、近年来伪狂犬病的流行病学进展及防控新策略

（一）变异伪狂犬毒株的出现及危害

从 2011 年开始，部分 PRV 阴性猪场在几个月内突然出现 gE 抗体转阳，且野毒阳性率可达 50% 或更高的水平；在一些疫苗免疫的猪场，母猪仍然出现流产、产弱仔、新生仔猪出现神经症状；感染猪只出现典型的颤抖、跛行和角弓反张等临床症状，且有高达 30% ～ 50% 的死亡率。

2012 年开始，本病逐渐向各个省份进行扩散，许多省份种猪场呈暴发性流行趋势，形成重大疫情。经过从发病场收集病料样品进行实验室检测及病毒提取测定发现，该次伪狂犬疫情的 PRV 株 gB、gC 和 gD 蛋白等重要糖蛋白的氨基酸序列已经发生变化，现有疫苗不能对变异的 PRV 株产生 100% 的保护力，病毒产生了变异。

2016 年 1 月，中国农业科学院上海兽医研究所李国新、童光志等在《猪伪狂犬病毒变异毒株的特性及其疫苗的研究现状》一文中，就伪狂犬病毒变异毒株

作了详细报告，认为对于新出现的伪狂犬病毒变异毒株的侵袭，传统的伪狂犬病疫苗已不能提供完全保护。近年来，感染猪场伪狂犬病毒 gE 抗体阳性率显著升高，很大可能与变异毒株大流行相关。新毒株疫苗的研发上市刻不容缓。

（二）伪狂犬实验室诊断与免疫效果评价

由伪狂犬病毒的糖蛋白 gE 刺激机体免疫系统产生的抗体为抗 gE 抗体，简称 gE 抗体。gE 基因是 PRV 的非必需基因，包含机体免疫系统能识别的主要靶抗原，对病毒的结构和生物学功能存在重要影响。在 PRV 入侵三叉神经和嗅神经通路上，糖蛋白 gE 是一个关键性的蛋白质。PRVgE 基因的缺失可显著降低病毒的毒力，使得神经元细胞感染受到限制，缺失 gE 基因能够有效降低 PRV 的神经致病力，是致弱 PRV 的常见选择。缺失后将导致病毒的毒力和嗜神经性下降，但不影响其免疫原性。所以活疫苗一般都是缺失 gE 基因。使用 gE 基因缺失的疫苗免疫后，免疫血清中不含有针对 gE 蛋白的抗体；而自然感染野毒后，则可产生抗 gE 表位的抗体，因此 gE-ELISA 可区分 gE 缺失 PRV 疫苗免疫猪和野毒自然感染猪，是监测 PR 免疫接种和净化伪狂犬病最常用工具。

在免疫了 gE 基因缺失疫苗的猪群中，检测到的 gE 抗体一定是野毒感染产生的抗体。对于仔猪，它有可能来自于野毒的直接感染，也有可能来自于野毒感染的母源抗体。母源抗体（gE 抗体）高时，在仔猪机体往往可持续到 10 ~ 14 周龄。虽然 gE 抗体产生迅速，滴度较高，维持时间较长，但是在临床检测时，仍然要考虑出现假阴性的可能。低剂量野生型 PRV 感染后仍可建立潜伏感染，并且可以在各种组织中用 PCR 方法检出野毒 DNA，但是 gE-ELISA 不能 100% 检测出抗体。由于较强免疫力能够快速中和低剂量感染，在这种情况下，机体免疫反应没有被充分激活，不能产生 gE 抗体，导致 gE-ELISA 不能完全检出野毒感染猪，这种类型猪可成为疾病暴发的来源。为了避免假阴性的情况，种猪群的持续跟踪调查是非常必要的。毕竟，在持续生产的过程中，潜伏感染的病毒必定会被再激活，只要病毒出现再激活，gE 抗体就会再度产生，种猪群的 gE 抗体就会转阳。由于 gE 缺失疫苗本身效果理想，应用广泛，再加上 gE-ELISA 敏感性较好，因此，这两者的组合成为 PRV 疫苗和诊断方法的国际通用标准。

（三）伪狂犬感染的临床类型分析及防疫策略

1. 阴性场

该类猪场检测不到 PRV 抗原阳性，也检测不到 gE 抗体阳性。猪场生产相对稳定，应做好伪狂犬疫苗的基础免疫、生物安全防控及各项管理工作，防止伪狂犬疫病的传入。这类猪场仔猪不进行滴鼻免疫，根据中和抗体来确定首免日龄，间隔 3 ~ 4 周加强免疫。

2. 阳性不稳定场

该类猪场可在猪群的某个阶段检测到 PRV 抗原阳性，也可以检测到某些阶段 gE 抗体阳性。往往这类猪场的生产性能会受到野毒感染的影响，有可能导致母猪繁殖性能下降，也有可能导致肉猪的死亡率上升或者生长性能下降。根据野毒不同的活跃阶段，可将该类场分为以下几个分类：

（1）A类场。母猪群病毒活跃，有水平传播和垂直传播。这类场的临床表现通常是母猪群有繁殖障碍性表现，如返情、流产、不孕、产死胎或木乃伊等，产房仔猪有拉稀、神经症状等，有些保育猪群也有神经症状和呼吸道症状。

该类猪场的主要问题是病毒在种猪群感染传播并垂直传播给仔猪，导致一系列的临床问题。所以，控制重点是找到病毒始终在种猪群循环的原因，如后备猪带毒进群、公猪精液带毒、免疫失效、猪群其他疾病影响等。这类猪场控制的要点是迅速稳定种猪群。虽然野毒感染阳性率很高的情况下，母猪群会自然倾向于自我稳定，但是疫苗的有效免疫仍然是重要的保障。同时，管理上要加大淘汰力度，如淘汰阳性公猪、淘汰生产性能差和免疫缺陷的母猪、加强后备母猪的免疫、加强母猪保健等。

（2）B类场。母猪群稳定，肉猪群野毒活跃。该类猪场往往是种猪群已经感染一段时间了，渡过了感染发病期，临床生产性能稳定。虽然种猪群野毒抗体阳性率较高，但是其能够自我保护，种猪不排毒，不水平传播也不垂直传播，可以获得抗原抗体双阴性的小猪。但是肉猪群某个阶段存在伪狂犬的野毒感染循环，阴性小猪在转群进入阳性肉猪群时，可再次发生感染转阳。这时候有可能观察到临床呼吸道症状，也有可能因为疫苗免疫的保护效果而没有观察到临床症状，却依然感染转阳了。

该类猪场的防控要点是阻止肉猪再次转阳（也就是临床常说的肉猪转阴），并且获得阴性的后备猪。这类猪场仔猪也可以不进行滴鼻，但是要加强种猪的淘汰力度和健康管理，防止有健康问题的种猪异常排毒。首先要选择毒株匹配的伪狂犬疫苗对阳性肥猪群进行一次普免，这样可以迅速控制并减少阳性猪群的排毒量。这类猪场连续监测转阳点的变化，如果免疫效果好，肉猪的转阳点会逐步推后，此时可以适当把首免日龄往后调，这样阻断感染的效果会更好。

通过以上免疫方案，配合全进全出管理措施，理想状态下可以在4～6个月时间获得阴性的肉猪群体。这也是控制和净化伪狂犬的第一步。

无论是A类猪场还是B类猪场，都是在场内存在野毒感染循环的，这时候不宜引种，因为无法保证外来阴性种猪进场后不感染，一旦感染将大量排毒，带来生产波动。

（3）C类场。

爆发场：这类猪场刚刚感染野毒，猪场的某个群体刚刚开始转阳，其他阶段还可能是阴性。这种状态一般在感染后3～4周就会变成A类猪场。如果正好在这个时间检测了猪群野毒抗体情况，它的血相很可能很特别：表现为某个阶段，如后备猪或母猪或公猪或者肉猪抗体阳性，而且阳性率不高，而其他阶段都是阴性。很容易与阳性稳定场混淆。但是这种情况会迅速变化，猪群的抗体阳性率会逐步升高，而且伴随着临床症状。不同的猪场转阳症状可能不同，有非常剧烈呈暴发状态，有流产有死猪，有的很温和，只有呼吸道症状，有的甚至没有症状。这主要是和猪场的免疫状态以及管理水平相关。

该类猪场的免疫策略：紧急全群普免。肉猪群迅速找到转阳发病点，在转阳点前完成两次免疫，停止引种。

3. 阳性稳定场

该类猪场是指虽然还能检测到伪狂犬抗体阳性，但是在猪场各阶段均没有病毒感染发生，也没有伪狂犬相关症状。一般是母猪群野毒抗体阳性，肉猪群断奶后仔猪抗体阳性率逐渐下降，肉猪后期保持野毒抗体阴性。

这类猪场的防控要点是持续性获得阴性后备猪。一旦后备猪阳性进群，很可能又变成阳性不稳定场。这种猪场可以一次性淘汰阳性公猪并引进阴性公猪。保持高的母猪淘汰率，然后持续引入阴性后备猪进群，可以在 2 ～ 3 年左右将母猪群野毒阳性率降到很低，当母猪阳性率低于 15% 时，可以考虑全群检测并一次性淘汰阳性猪只，从而实现伪狂犬的净化。

4. 根据伪狂犬的感染类型，使用不同免疫程序

根据伪狂犬在不同猪场的感染状态，结合实验室检测数据进行分析综合，制定各类型猪场参考的免疫程序如下：

（1）伪狂犬阴性场。

种猪：普免，3 ～ 4 次/年。仔猪：50 ～ 60 日龄首免，间隔 4 周二免。后备猪：配种前免疫 2 次。

（2）伪狂犬阳性不稳定场 A 类。

种猪：普免，3 ～ 4 次/年。仔猪：1 ～ 3 日龄，滴鼻 0.5 头份；60 ～ 70 日龄首免，间隔 4 周二免。后备猪：配种前免疫 2 次。

（3）伪狂犬阳性不稳定场 B 类。

种猪：普免,3 ～ 4 次/年。仔猪：60 ～ 70 日龄首免，间隔 4 周二免。后备猪：配种前免疫 2 次。

（4）伪狂犬阳性不稳定场 C 类。

种猪：普免，紧急免疫。仔猪：普免，紧急免疫。后备猪：普免，紧急免疫。

（5）伪狂犬阳性稳定场。

种猪：普免，3 ～ 4 次/年。仔猪：60 ～ 70 日龄首免，间隔 4 周二免。后备猪：配种前免疫 2 次。

总之，要树立正确防控理念，正确评估猪场感染状态是伪狂犬控制和净化的前提。根据不同伪狂犬感染猪场进行合理、正确免疫，做好生物安全防控及猪场各项管理操作，通过全群免疫、控制疫情、优化程序、安全评估、查漏补缺、检测淘汰等工作，做好伪狂犬疫病的防控及净化工作。

（本章特邀吉林正业生物制品股份公司技术部供稿）

第4章　猪瘟、流行性腹泻、气喘病防控

第1节　非瘟时期的猪瘟防控

一、猪瘟的临床表现

（一）典型猪瘟

强毒感染无免疫力的猪通常表现典型急性猪瘟的症状，包括猪群挤堆（图6-1）、高热，呈稽留热，皮肤表面有散在出血点或出血斑，耳尖末梢发绀（图6-2）；剖检见广泛的内在性出血（图6-3）。

图6-1　猪群挤堆　　　　图6-2　皮肤表面有出血点　　　图6-3　内在性出血

（二）非典型猪瘟

猪群感染中等毒力的猪瘟病毒，临床呈现非典型经过。感染猪只表现轻微临床症状或无症状，但可持续向外界排毒。种猪携带猪瘟病毒是我国猪瘟流行的罪魁祸首，因为携带猪瘟病毒的母猪（图6-4）容易将病毒传播给所产仔猪，给先天带毒的仔猪免疫猪瘟疫苗几乎无法产生免疫保护力，存活力较差（图6-5、图6-6）。

图6-4　携带猪瘟病毒母猪　　　图6-5　带毒仔猪　　　图6-6　带毒仔猪

二、猪瘟的危害仍然很大

猪瘟一直是中国养猪业的大敌。近年来，因疫苗的广泛接种，典型的猪瘟已很少发生，发病态势已呈现非典型化。其根源是携带猪瘟病毒的母猪，容易将病

毒传播给所产仔猪，导致许多病死猪与猪瘟病毒感染有关。在目前非瘟常态化的形势下，我国对猪瘟的防控变得更加严峻。

三、选择优秀的猪瘟疫苗是有效防控猪瘟的关键

非瘟时期，除做好生物安全外，选用优秀的猪瘟疫苗免疫猪群极为关键。优秀猪瘟疫苗必须符合以下要求：

（一）疫苗的抗原完整性要好

猪瘟疫苗种毒（C 株）系由石门系强毒经兔体反复传代致弱而成（图 6-7）。所以，必须采用兔体培养才能保证疫苗抗原的完整性。

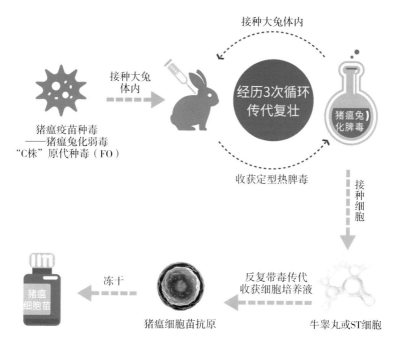

图 6-7　猪瘟细胞苗生产工艺

猪瘟脾淋苗（简称"脾淋苗"）系种毒通过兔体培养，采集出现定型热反应大兔的脾脏和肠系膜淋巴结制作而成，培养方式与之前一致，较好地保持了种毒的抗原完整性，刺激产生的抗病免疫力更强（图 6-8）。

笔者曾从免疫脾淋苗（诸稳康）和猪瘟细胞疫苗（ST 细胞源）的仔猪血清中分别选出阻断率（IDEXX 猪瘟抗体 ELISA 检测试剂盒检测）为 20%、25%、30%、40%、50% 的血清，每份按 1∶2、1∶4、1∶8 三个浓度进行稀释，每个浓度分别与 100 个标准工作抗原（C 株种毒）进行中和反应，另做一组生理盐水与 100 个标准工作抗原进行混合做对照，中和反应结束连同对照组一起接种实验大兔，观察兔体反应。结果表明：阻断率（IDEXX 试剂盒检测）相同的情况下，免疫"诸稳康"产生的抗体比免疫"ST 猪瘟细胞苗"产生的中和能力更强，表明脾淋苗

（诸稳康）比细胞苗（ST 细胞源）的免疫原性更好（表 6-3）。

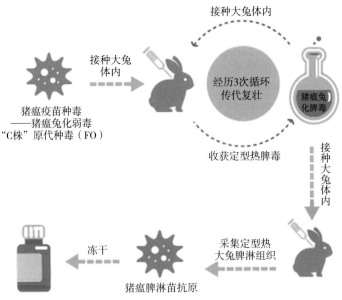

接种大兔体内

接种大兔体内

经历3次循环传代复壮

猪瘟兔化脾毒

接种大兔体内

猪瘟疫苗种毒
——猪瘟兔化弱毒
"C株"原代种毒（FO）

收获定型热脾毒

采集定型热大兔脾淋组织

冻干

猪瘟脾淋苗抗原

图 6-8　猪瘟脾淋苗生产工艺

表 6-3　脾淋苗和细胞苗的免疫效果比较

样本阻断率	脾淋苗血清			细胞苗血清		
	1：2	1：4	1：8	1：2	1：4	1：8
20%	+	+	−	−	−	−
25%	+	+	+	−	−	−
30%	+	+	+	+	−	−
40%	+	+	+	+	+	−
50%	+	+	+	+	+	+

注："+"表示该血清中猪瘟抗体能中和 100 个工作抗原（C 株种毒）；"−"表示该血清中猪瘟抗体不能中和 100 个工作抗原（C 株种毒）。

值得反思的是，当前许多猪场只关注猪群免疫后猪瘟抗体的高低，而忽略猪瘟免疫的临床实效。以上数据显示，现有商业化试剂盒检测到的猪瘟抗体，并不完全具有中和作用。所以，猪瘟临床免疫效果跟疫苗的抗原完整性（免疫原性）息息相关，而跟所谓的抗体水平其实关系不大。

（二）疫苗能显著提升对其他疫病的抵抗力

在疫苗生产中，使用合适的佐剂能使疫苗的免疫效力大大提升，同时还能显著提升免疫对象的非特异性抗病力。

脾淋苗系采集出现定型热反应大兔的脾脏和肠系膜淋巴结制作而成。脾脏及淋巴结是机体重要的免疫器官，富含各种免疫增强因子，相当于猪瘟疫苗天然的免疫佐剂，不仅能大大提升猪瘟疫苗的免疫效果，还能显著提升免疫猪只的非特异性抗病力。

研究报道，使用生理盐水和脾淋组织液分别稀释 C 株疫苗，接种猪只后发现，与生理盐水相比，使用脾淋组织液稀释 C 株疫苗后免疫猪只，能使猪只获得更好的免疫保护力。也有报道称，与猪瘟细胞苗比，接种脾淋苗能使免疫猪只早期获得更强的细胞免疫保护力，且体液免疫保护期更长。

四、非瘟时期更应选用脾淋苗

当前，做好生物安全是猪场防控非瘟的第一道屏障。但现实中的生物安全措施极难做到万无一失，猪场仍会处于非瘟的威胁之中。生产中除筑起第一道屏障外，必须筑起第二道防线，即提高猪群非特异性抗病力。

非瘟目前无疫苗和药物防治，提高猪群的非特异性抗病力尤为重要。当猪场生物安全存在漏洞时，猪群会接触到非瘟病毒。若猪群的非特异性抗病力强，则需接触更多的非瘟病毒才会发病，否则，只需接触少量的非瘟病毒就能致病。

高品质的脾淋苗富含各种免疫增强因子，不仅能防控猪瘟，还能显著提升免疫猪的非特异性抗病力。这样的脾淋苗，不仅可防猪瘟，对防范非瘟意义也大。

五、脾淋苗需要匠心打造（以"诸稳康"的生产为例）

（一）自主研发专用原料兔，保障品质和产能

诸稳康专用原料兔：由脾淋产量高的 A 兔品种，抗病力（非特异性免疫力）强的 B 兔品种，适合猪瘟兔化弱毒（C 株）繁殖的 C 兔品种杂交后生出的大兔。诸稳康只采用自主研发的脾淋苗专用原料兔进行生产，其抗原含量达 900RID/ 头份，品质稳定。

（二）新技术助推品质实现跨越式提高

在脾淋苗制作过程中，必须测定每只生产用兔的定型热反应。传统方法系每隔 6 小时人工测量一次大兔直肠温度（肛温），绘制每只生产用兔的定型热反应曲线。该方法工作量巨大，易致人工误差，采集的兔体温度次数偏少，绘制的温度曲线往往与实际出现偏差，导致脾淋苗的品质难以保障、批次间稳定性差。因此，做到精准测温（采集兔体温度次数尽量多，消除各种误差），是生产高品质脾淋苗必须攻克的难关。

"诸稳康"采用自主研发的"脾淋苗智能监测判定系统"，对生产流程进行智能化的监控。该系统由"物联网远程监控系统""大兔实时体温测定系统""大数据分析系统"三大内核系统组成，每分钟精准采集一次兔体温度及环境温度，通过大数据分析系统，自动判断兔体内猪瘟抗原含量的变化，并绘制每只生产用兔的抗原含量曲线，达到实时智能判定，使诸稳康的品质获得了跨越式的提高（图 6-9）。

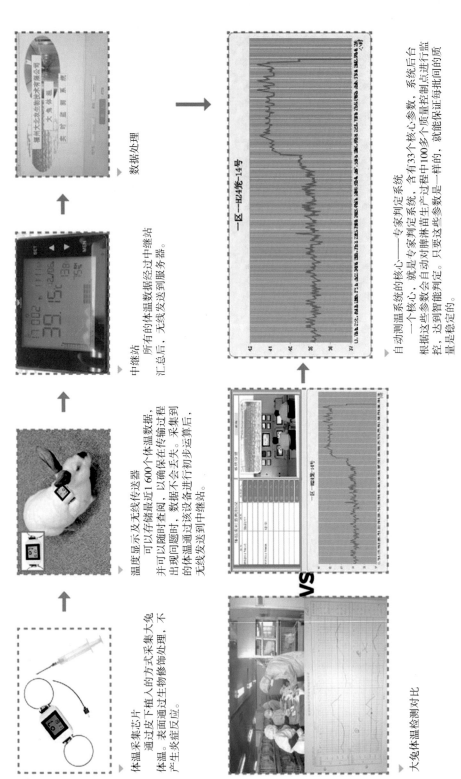

体温采集芯片
通过皮下植入的方式采集大兔体温。表面通过生物修饰处理，不产生炎症反应。

温度显示及无线传送器
可以存储最近1 600个体温数据，并可以随时查阅，以确保在传输过程出现问题时，数据不会丢失。采集到的体温通过该设备进行初步运算后，无线发送到中继站。

中继站
所有的体温数据经过中继站汇总后，无线发送到服务器。

数据处理

自动测温系统的核心——专家判定系统
一个核心，就是专家判定系统，含有33个核心参数，系统后台根据这些参数会自动对腺淋苗中100多个质量控制点进行监控。只要这些参数是一样的，就能保证每批间的质量是稳定的。达到智能判定，达到智能判定的，就能保证每批间的质量是稳定的。

大兔体温检测对比

VS

图6-9　应用物联网技术对"诸稳康"原料兔进行智能测温

六、科学合理地使用脾淋苗（以"诸稳康"为例）

（一）外购猪

外购猪入场第 2 天，每头免疫 2.0 ～ 3.0 头份诸稳康；或在外购猪入场的第 2 天、25 天，每头每次分别免疫 1.0 ～ 1.5 头份诸稳康。

（二）母猪

建议对母猪统一免疫 4 次/年，每头免疫 2 ～ 3 头份诸稳康；也可采用"跟胎免疫"，即母猪在断奶前后，每头免疫 3 头份诸稳康。

（三）仔猪

建议对仔猪 25 ～ 30 日龄首免，60 ～ 70 日龄加强免疫，每头每次免疫 1 ～ 2 头份诸稳康。

第 2 节　仔猪流行性腹泻及其免疫防控

猪流行性腹泻（Porcine epidemic diarrhea，PED）是由猪流行性腹泻病毒（PEDV）引起的一种急性、高度接触性肠道传染病。该病于 1971 年首次在比利时和英国报道后，迅速波及到多个国家。我国于 1980 年首次分离到 PEDV。2010 年底，我国多个省份暴发了主要由变异株引起的 PED，直接导致了很多猪场产房没有仔猪，给我国养猪业造成了重大损失。

一、临床症状

各年龄段的猪只均可感染并表现出不同的症状，但以 7 日龄内仔猪最为严重，死亡率高达 100%。仔猪感染 PED 后主要表现临床症状为腹泻、呕吐、脱水、消瘦等（图 6-10）。免疫预防和治疗效果不佳是导致仔猪大量死亡的主要因素。

图 6-10　产床上仔猪和母猪腹泻

二、PED 的致病机理

PEDV 具有明显的肠道组织嗜性，主要定植在小肠（十二指肠至回肠）和大肠（直肠除外）的绒毛肠细胞中，在感染后期，在隐窝细胞或 PP 结中也可以检测到少量的 PEDV。PEDV 侵入小肠绒毛上皮细胞并进行增殖，使被侵入细胞裂解并发生急性坏死，导致明显的小肠绒毛萎缩，吸收表面积减少，进而引起营养物质吸收障碍，导致仔猪腹泻、脱水、死亡。

研究发现，PEDV 的感染与仔猪日龄紧密相关，低日龄仔猪的感染和发病情况更为严重，14 日龄以下仔猪感染 PEDV 后，其死亡率为 90%，而 14～28 日龄仔猪的死亡率会下降至 40%。究其员因，相对于大日龄的猪，低日龄仔猪肠道绒毛细胞处于发育阶段，再生较慢，同时初生仔猪各免疫系统还不够完善，多种原因导致哺乳仔猪感染 PEDV 后损失更为严重。

提高低日龄仔猪对 PEDV 的抵抗力，是降低仔猪病死率的关键。当前普遍采取对母猪进行疫苗免疫，以期实现对新生仔猪提供早期被动免疫保护，具有一定的意义。

三、PED 免疫保护机理

PED 的抗病免疫力以黏膜免疫保护为主，PEDV 抗原到达肠道 PP 结（派尔集合淋巴结）后，诱导 B 淋巴细胞增殖，致敏的 B 细胞经过循环归巢的过程，回到肠道和乳腺的黏膜固有层，这些 B 细胞在定植局部分泌二聚体 IgA，主要以 SIgA 的形式释放。

研究表明，母猪口服感染 PEDV 后，测定其初乳、常乳、血清及其初生后代血清等样品中的中和抗体。结果发现，在 PEDV 感染后 3 周内母猪血清样品中，可检测到中和抗体，且常乳中和抗体滴度和母猪血清样品中的一致，而初乳样品中的抗体滴度均高于母猪血清中的抗体，表明初乳和常乳是低日龄仔猪获得中和抗体的主要来源。

需要重视的是，尽管 IgG 占初乳免疫球蛋白总量的 60% 以上，但 SIgA 对于中和肠道局部的病原体比 IgG 更有效果。因为，母源抗体中的 IgG 被仔猪肠道吸收进入血液循环提供被动的体液免疫保护，而体液免疫对肠道局部的保护有限。哺乳仔猪通过吮吸母乳获得 SIgA 后，SIgA 可黏附在肠道上，能够抑制 PEDV 在肠道绒毛上皮细胞的附着，保护仔猪肠道上皮细胞免遭 PEDV 侵入。SIgA 靠黏膜免疫产生，所以，局部黏膜免疫应答在对抗 PEDV 感染的过程中发挥了重要作用。

研究发现，同源性高的毒株不一定能对 PEDV 产生交叉保护，所以通过毒株的同源性对比进行选苗意义不大。应用肠道 PED 特异性抗体分泌细胞反应，检验 S-INDEL Iowa106 和原始美国 PEDV-PC21A 株是否诱导了任何不同的肠道抗体反应。结果显示，这两种 PEDV 株在肠道中诱导了主要的 IgA-ASC 反应，提示 IgA-ASC 在 PEDV 肠道免疫中起主要作用，而非 IgG 和 IgM-ASCs。

研究表明，PEDV 灭活疫苗和弱毒活疫苗均能诱导明显的保护性免疫应答，但灭活苗主要产生体液免疫应答，且通常不足以引起局部黏膜免疫反应。PEDV 活疫苗可引起良好的黏膜免疫应答，但当 PEDV 为强毒株或小肠黏膜免疫机能不足时，PEDV 在小肠内增殖，易在猪群内传播，引起 PED，提示"返饲"存在极大风险。

　　理想的状态是，初生仔猪通过母乳持续获得特异性 SIgA，从而建立抗 PEDV 的被动免疫保护。所以，免疫母猪是让哺乳母猪的乳腺持久地分泌充足的特异性 SIgA，使幼龄仔猪免遭 PEDV 侵袭（图 6-11），若要达到该目的，母猪免疫活疫苗为上策。

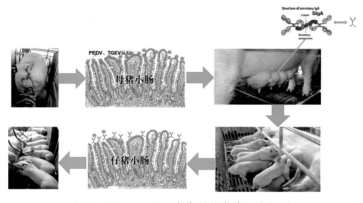

图 6-11　PEDV 弱毒疫苗免疫效果流程图

四、防控 PED 田间实践分析

（一）母猪免疫 PEDV 活疫苗，可产生良好的黏膜免疫应答

　　母猪免疫活苗后，诱导黏膜免疫应答，乳汁中含有 SIgA 和单体 IgA。SIgA 可突破仔猪胃酸和消化道酶的破坏，到达肠道后不能进入血液循环，而是锚定在肠道黏膜表面形成保护层，抵御病原侵入。乳汁中的单体 IgA 到达仔猪肠道后，一部分进入血液循环，一部分被消化道裂解，无局部黏膜免疫保护作用。

　　免疫效果分析显示，母猪接种 PEDV 活疫苗后，血清中 PEDV IgA 水平明显低于其常乳中的水平。乳汁中的大部分抗体主要来源于血液，若常乳（非初乳）中的 IgA 水平比血液中高，则说明这种 IgA 并非来自血液，系黏膜免疫应答的产物，说明母猪接种活疫苗，诱导产生了良好的黏膜免疫应答。

（二）免疫 PEDV 活疫苗后乳汁中 SIgA 抗体消长规律

　　田间数据显示，免疫 PEDV 活疫苗可使母猪乳汁中 SIgA 维持较高水平至 11 天左右（图 6-12）。常乳中的 IgA 是有效保护低日龄仔猪早期免于 PEDV 感染发病的关键性物质，其水平较低的情况下，极易受到 PEDV 的入侵。

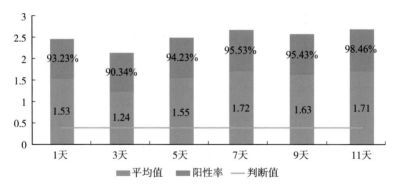

图 6-12　免疫弱毒疫苗后乳汁中 PEDV IgA 检测结果

（三）乳汁中 SIgA 维持时间与发病率的相关性

研究发现，高水平的 IgA 抗体能够有效地抵御 PEDV 的入侵。母源 SIgA 的水平与仔猪对 PEDV 的抗感染力密切相关，而母猪血液中的中和抗体与其对仔猪的保护作用无明显相关性。通过对 345 个猪场免疫 PEDV 弱毒疫苗后的调查分析发现，当母猪乳汁中 SIgA 水平维持至分娩后 7 天以上时，发病率低；反之，发病率较高，且维持时间越短发病率越高（表 6-4）。

表 6-4　乳汁中 SIgA 抗体维持时间与发病率的相关性

乳汁中 SIgA 抗体维持时间	≥ 7 天	＜ 5 天	＜ 3 天
猪场发病率	13.31%	27.45%	59.24%
发病猪死亡率	10.21%	45.51%	87.73%

（四）两次跟胎免疫 PEDV 活疫苗效果更好

田间数据显示：采用两次跟胎免疫 PEDV 活疫苗效果最好；跟胎免疫一次 PEDV 活疫苗 + 一次 PEDV 灭活疫苗免疫效果次之；跟胎免疫两次 PEDV 灭活疫苗效果最差，其乳汁中 IgA 抗体水平仅能维持 3 天左右（图 6-13）。

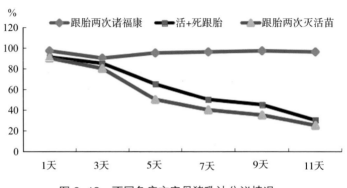

图 6-13　不同免疫方案母猪乳汁分泌情况

（五）母子同免，防控更彻底

一直以来，多数猪场仅对母猪免疫 PEDV，而仔猪不免，该模式给 PED 的防控留下了巨大漏洞。尤其在单点式猪场，尽管母猪已免疫，但仍可排放野毒。母猪免疫优质的弱毒苗，产生良好的黏膜免疫后，提供给后代的保护一般为 10 天左右，其后代若不免疫，10 天后都成了易感猪，最终导致普遍性感染：一是易感猪感染后增殖病毒、排毒，增大了产房病毒感染压力，PED 防控难度加大；二是后代群体成为 PEDV 庞大的储存库，病毒容易反扑母猪群（图 6-14），导致猪场 PED 反复暴发。

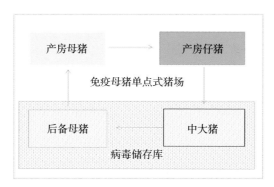

图 6-14　单点式猪场 PEDV 猪场循环示意图

因此，为了更加有效地防控 PED，除了母猪进行免疫之外，仔猪还需实施乳前口服免疫活疫苗，使仔猪建立早期主动免疫，抵抗感染，使大多数猪只不易感，摧毁 PEDV 在单点式猪场的储存库，大大减少病毒感染压力，从而使猪群达到稳定状态。

（六）控制其他疫病很重要

对发生 PED 的 407 家猪场进行各种抗原的检测，结果显示 PEDV 阳性检出率最高，大量存在 CSFV、PRRSV、PRV、PCV2 混合感染（图 6-15）。对于临

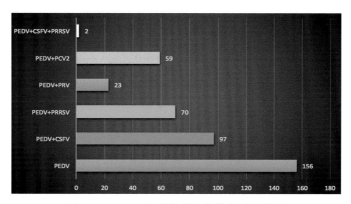

图 6-15　PED 阳性猪场各种抗原检测结果

注：腹泻仔猪病料采集肠道检测 PEDV，脾脏、淋巴结、肺脏、肾脏检测 CSFV、PRRSV、PRV、PCV2。

床症状仅能看到仔猪腹泻、消瘦和高死亡率的猪只，在实际的抗原检测中却发现约 61.7% 的猪场，是因为不同病原的混合感染造成的。对于混合感染的普遍性，在防控方案的制定上，如果还停留在仅防控 PED 的方案是很难控制疫情的。

五、高效防控 PED 的措施

（一）选用安全、抗原含量高的 PEDV 活疫苗，是高效防控 PED 的前提

PED 肠道黏膜免疫机理显示，猪只免疫疫苗后，抗原必须到达肠道 PP 结，才能有效刺激黏膜免疫应答。只有 PEDV 活疫苗才会主动侵染靶位（小肠黏膜）、增殖并诱导黏膜免疫应答；毒力弱的 PEDV（活疫苗）抵达肠道后不会引起发病；只有抗原含量高的活疫苗才能有足够的抗原到达靶位（肠黏膜），更高效地刺激机体产生黏膜免疫应答。

（二）科学合理的免疫方案（以"诸福康"为例）

1. 单点式猪场

后备母猪：配种前免疫 2 次，每次 1 头份/头，间隔 3 周；经产母猪：产前 40 天、20 天各后海穴注射，每次 1 头份/头；初生仔猪：乳前口服 0.5 头份/头。

2. 多点式猪场

后备母猪：配种前免疫 2 次，每次 1 头份/头，间隔 3 周；经产母猪：产前 40 天、20 天后海穴注射，1 头份/头。

3. 紧急免疫接种

母猪群：普免 2 ～ 3 头份/头，3 周后加强免疫 2 头份/头，产房初生仔猪：乳前口服 0.5 头份/头，待猪群稳定改为常规免疫。

（三）控制好其他疫病

重视 CSFV、PRRSV、PRV、PCV2 等疫病的防控。

第 3 节　重视防控猪气喘病

猪气喘病（MPS），是由猪肺炎支原体（Mhp）引起的一种原发性、慢性呼吸道疾病。本病流行范围广，感染率高、发病周期长，导致发病猪生长缓慢、免疫力低下，给全球养猪业带来巨大的经济损失。其主要症状是连续咳嗽、气喘，病变特征是肺的尖叶和心叶呈灰白色或紫红色实变。

一、流行病学

气喘病仅发生于猪，但不同品种、年龄、性别的猪均能感染，由支原体引起的肺炎在猪群中的发生率为 38% ～ 100%。哺乳猪和保育猪最易感，但表现出明显症状一般在 6 周龄之后，此前发生的咳嗽、气喘应注重其他疾病的鉴别诊断。临床上母猪和成年猪多呈慢性或隐性感染，但美国动物健康检测部门调查，52.2% 的架子猪和 68% 的育肥猪感染过 Mhp，超过 50% 的疾病被诊断为 MPS。

该病可通过垂直、水平和空气三个途径传播，自然条件下空气传播的距离可达3.2千米，给防控和净化带来现实困难。本病造成的经济损失表现在日增重下降、死亡率及治疗费用增加等。本病也多与蓝耳、圆环、流感、巴氏杆菌、副猪嗜血杆菌协同感染，引起并发症，导致更大死亡或损失。

二、致病机理与免疫保护机制

MPS 的致病机理复杂，包括疾病的发生和影响整体健康两个方面，所以免疫保护也包含了减少临床发病和减少经济损失两层意义。Mhp 吸附于纤毛，导致上皮细胞受损、纤毛脱落，受感染猪不能有效清除呼吸道中的碎片及侵入的病原菌。这一点决定了保护纤毛完整在气喘病免疫中的重要性，也体现了活疫苗株可以在呼吸道黏膜和纤毛上定居、占位的优势（图 6-16）。感染过程中，Mhp诱导巨噬细胞产生肿瘤坏死因子（TNF-α）和白细胞介素（IL-1、IL-6）等炎性因子，进一步导致肺部炎症。同时，Mhp 作用于 B 淋巴细胞和 T 淋巴细胞，对细胞免疫产生广泛的抑制作用。体液抗体 IgG 对气喘病的保护作用非常有限，生产中高的母源抗体也不能对仔猪产生免疫保护。而局部黏膜免疫抗体IgA 和细胞免疫，在抗 Mhp 感染过程中则发挥着更重要作用，活疫苗免疫在这方面表现出明显优势（冯志新等，2012），部分灭活苗的免疫佐剂也可发挥较大作用。

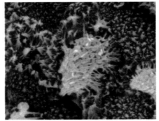
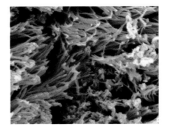

正常气管纤毛　　　　　　　强毒株黏附损伤纤毛　　　　　　　弱毒株黏附不损伤纤毛

图 6-16　正常猪、强毒感染猪和弱毒免疫猪支气管纤毛电镜扫描图

三、临床症状、病理变化与诊断

气喘病的潜伏期 7 ~ 14 天，症状一般出现在 6 周龄以后，感染猪表现沉郁、食欲下降，生长缓慢且反复发作，特征性的干咳持续几周甚至数月。急性型病例较少，偶见于妊娠母猪、哺乳仔猪和保育猪，表现痉挛性阵咳、腹式呼吸或犬坐式剧喘。慢性型病例长期或反复咳嗽，清晨进食及剧烈运动时更明显，病程长达 2 ~ 3 个月，病猪体温不高，但可能消瘦、被毛粗乱。气喘病隐性感染在现代化养猪中占有相当大的比例，不表现任何症状或偶见个别猪咳喘，日增重、出栏重、料肉比等指标会有一定的差异，各国统计正常屠宰猪中 30% ~ 80% 的肺出现与支原体感染相关的肺炎病变。病猪剖检，可见肺脏心叶、尖叶、中间

叶和膈叶前缘发生肉样、胰样或虾肉样的实变（图6-17），病变部位界限明显，剪下的实变部位可以沉入水中（正常肺组织漂浮在水面）。组织学变化为小支气管内存在炎性细胞，血管周围和细支气管周围形成管套和广泛性淋巴样组织增生。

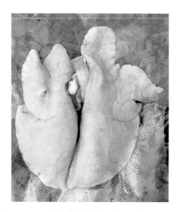

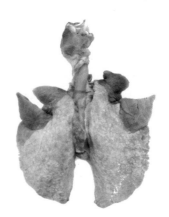

弱毒株接种仔猪肺脏　　　　　　　强毒感染仔猪肺脏

图6-17　猪支原体肺炎感染后仔猪肺脏尖叶、心叶前缘出现肉样实变

体温不高、连续干咳，肉样实变等都是临床诊断的重要依据。目前多用PCR检测，荧光抗体技术、补体结合反应等多用于科研，针对IgG的ELISA方法多用于临床血清学调查，而针对IgA的ELISA方法，可更好地反映黏膜免疫和保护状态。

四、气喘病的防控

（一）药物控制效益低

气喘病敏感药物有泰万菌素、替米考星、泰乐菌素、林可霉素、恩诺沙星、四环素、土霉素等，使用药物进行群体性治疗，虽有助于控制症状的严重程度，但抗生素不能根除支原体，反复发病、多次用药使防治成本和耐药性增加。实践证明，疫苗免疫是防控气喘病最经济、最有效的方法。

（二）活疫苗免疫效果更理想

因MPS由Mhyo引起，有效防控该病的关键是保护猪只气管纤毛免遭Mhyo损害。免疫学特性表明，只有抗Mhyo特异性SIgA才能有效阻止Mhyo损伤支气管纤毛。另外，呼吸道局部的细胞免疫可一定程度吞噬、杀灭入侵的Mhyo。

所以，免疫的主要目的是诱导呼吸道黏膜免疫和细胞免疫应答，特别是免疫后猪只支气管局部产生丰富的抗Mhyo特异性SIgA，阻止Mhyo在支气管内繁殖，使支气管纤毛免遭Mhyo的损伤，从而保护呼吸道物理屏障的完整性。

研究揭示，接种活疫苗能更好地诱导黏膜免疫应答。不同类型气喘病疫苗免疫效果的区别见表 6-5。

表 6-5　不同类型气喘病疫苗免疫效果

类型	免疫效果	活疫苗	灭活疫苗
黏膜免疫 (SIgA)	阻止 Mhyo 对上皮细胞表面的黏附，并清除入侵的病原，保护纤毛，与临床保护直接相关	有	微弱
细胞免疫	一定程度地吞噬、杀灭感染入侵的 Mhyo	有	无
占位效应	免疫可形成优势菌群竞争，进而阻止野毒感染	有	无

（三）活疫苗介绍

当前在国内临床使用广泛、效果突出的活疫苗主要有猪支原体肺炎活疫苗 168 株，该疫苗同时也受到国际广泛认可。

168 株由江苏省农业科学院研制，该疫苗肋间注射，直达靶器官，诱导局部黏膜免疫和细胞免疫，并产生占位效应，有效保护肺脏和呼吸道纤毛。3 ～ 15 日龄接种，1 周内可产生有效免疫应答，1 次免疫保护直至出栏。长期人工接种，疫苗株置换猪群环境中的野毒，形成菌群竞争和自然趋向净化的作用。

（四）活疫苗肋间注射免疫效果最好

猪肺内支气管中存在大量相关淋巴组织（BALT）。BALT 是诱导呼吸道黏膜免疫的位点，也是 SIgA 的生发中心，只有当抗原到达该部位，才能诱导产生特异性的 SIgA。

肋间注射免疫可将抗原直接送达 BALT，顺利诱导黏膜免疫；若采用其他免疫方式，抗原到达 BALT 难度更大，诱导产生的黏膜免疫更弱，相应地其免疫保护力更弱。

喷鼻（喷雾）免疫对各方面要求高，如喷鼻（喷雾）设备、疫苗的抗原含量、疫苗佐剂及操作方式等，如果喷雾设备好、疫苗抗原含量高、合适的佐剂、操作得当，能保证足量的抗原到达肺部，则可产生与肋间注射免疫等同的效果。采用肌肉注射时，只有少量的抗原能随血液循环到达肺部，因此，肌肉注射免疫效果不理想。

（五）168 株活疫苗（支必宁、诸欢畅）的使用方法

1. 肋间注射

5 ～ 15 日龄仔猪，肋间注射 1 次，1 头份/头猪。1 毫升/头份；由胸部中间位肋骨间隙，垂直进针至肺内（图 6-18）。注意事项：与高致性蓝耳弱毒苗免疫至少间隔 7 天；免疫前 3 天、后 7 天不用抗支原体药物。

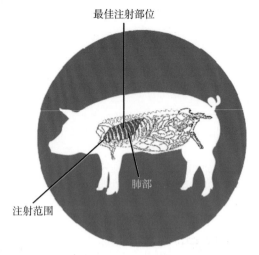

图6-18　肋间部位

2. 雾化免疫

雾化免疫专用设备，1～3日龄雾化免疫，1头份/头。

（本章特邀兆丰华生物科技集团技术推广中心供稿）

参 考 文 献

Hog Slat. 猪场建设新模式及防控非瘟尝试［Z］. 猪 e 网，2019.

John Gadd，约翰 . 盖德谈非瘟 | 如何打造你心目中坚不可摧的猪场［Z］. 养猪职业经理人，
　　2019.

代广军 . 非洲猪瘟防控技术措施的总结探讨［Z］. 青岛全国非瘟防控交流会，2019.

代广军 . 严把饲料使用关，防范非瘟通过饲料进入猪场［Z］. 武汉中国畜牧业发展大会，
　　2019.

代广军 . 猪场非瘟发生因素及防范措施［Z］. 南宁非瘟防控交流会，2019.

范卫彬 . 非洲猪瘟为何总是母猪先发?［Z］. 求真农牧，2018.

高远飞 . 怎么防非，怎么活下去，我们有招!［Z］. 影子科技，2019.

李峙贤 . 非洲猪瘟高压下猪场最需要经销商做什么? 联合共建生物安全体系［Z］. 新牧
　　网，2019.

刘冰 . 魏萍 . 欧盟国家减缓非洲猪瘟在猪群中传播的相关措施［Z］. 东北三省畜牧交易会，
　　2019.

刘从敏 . 非瘟防控 | 一份完整的生物安全建议［Z］. 养猪职业经理人，2019.

刘朋昌 . 非洲猪瘟清场后复养操作细则［Z］. 猪场动力网，2019.

秦英林 . 饲料、加工、运输环节的风险管控!［Z］. 改变饲界，2019.

王登友 . 非洲猪瘟威胁下的猪场设计［Z］. 猪场设计与建设交流，2019.

佚名 . "冷血杀手"非瘟对中国养猪业的灾难究竟有多严重?［J］. 养猪山海经，2019（12）.

邹士福 . 关于非洲猪瘟背景下的猪场设计的讨论［Z］. 猪场设计与建设交流，2019.

后　记

　　非洲猪瘟（本书简称"非瘟"），在全世界已有近百年流行史。其危害和残酷性业内共知。本书用图谱方式告诉读者，在非瘟时代如何养好猪、赚大钱。

　　本书无空洞理论，用300多幅图片，对非瘟防控经验教训予以分析、探讨、总结，实操性强。若书中某个图片、某段文字甚至某句话，能对养猪赚钱有帮助，则读者阅读本书就物有所值。

　　本书引入了一些书刊、网络及微信发布的相关文献，供读者分享。我们对这些文献作者，深表谢意！

　　感谢河南省饲料工业协会名誉会长、河南省养猪行业协会副会长郑宝振先生为本书作序。因作者水平有限，书中难免有不足甚至错误之处，敬请读者批评、指正。

作者

2020年6月

诸稳康
ZHU WEN KANG

纯正的猪瘟脾淋苗
Classical Swine Fever Vaccine, Live (Rabbit Origin)

源于经典 强于经典
半个世纪无数科技工作者的智慧结晶

兆丰华生物科技
JOFUNHWA BIOTECHNOLOGY

地址：福建省福州市晋安区园中村110号　邮编：350014
电话：0591-83621480　传真：0591-83621480

诸福康
ZHU FU KANG

猪传染性胃肠炎、猪流行性腹泻二联活疫苗（HB08株+ZJ08株）
Porcine Transmissible Gastroenteritis and Porcine Epidemic
Diarrhea Vaccine, Live（Strain HB08+ Strain ZJ08）

自主研发 专利技术 匠心铸造
流行毒株 临床标准 实践检验

兆丰华生物科技
JOFUNHWA BIOTECHNOLOGY

地址：福建省福州市晋安区园中村110号 邮编：350014
电话：0591-83621480 传真：0591-83621480

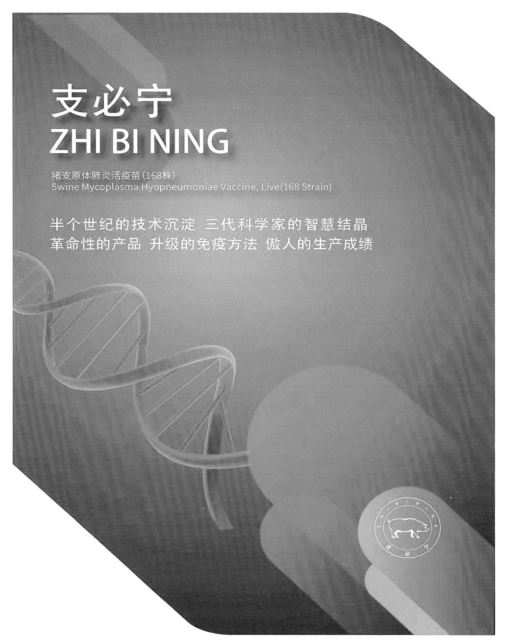

外商独资

姆孺旺

国标产品 配方独特 三效合一

人喝脑白金 猪吃姆孺旺

- ✔ 解决母猪便秘、厌食，降低夏季热应激
- ✔ 解决母猪泪斑、死皮、脊背出血
- ✔ 解决母猪气血双亏、缩短产程
- ✔ 解决母猪奶水不足引起的仔猪黄白痢
- ✔ 促进母猪发情、提高公猪精子活力

科金（珠海）生物科技有限公司
KOR-CHIN BIOTECH CO.,LTD.
财富热线:0371-60122511/60239511
专家热线:18103855821（娄老师）

巴尔吡尔®
POWERFEEL

巴尔吡尔强碱性缓释活化离子PH13~14，对口腔黏膜、皮肤和呼吸道没有伤害，稳定性好，安全可靠。

产品功效：

一、强抗应激

二、抗病毒，不给病毒生存的空间

三、提高30%以上的饲料朊度

20升/桶

北京金娜尔生物技术有限公司
Beijing Gold Naer Biotechnology Co.,Ltd.
电话：010-62981018　　传真：010-62975586
网址：www.jnail.net　E-mail:nel_bj@126.com
地址：北京市海淀区上地佳园23号楼三层（100085）

保 护 动 物 安 全 关 爱 人 类 健 康

 欧倍佳

科技引领中牧未来发展

猪口蹄疫 O 型、A 型二价灭活疫苗

(O/MYA98/BY/2010 株 +O/PanAsia/TZ/2011 株 +Re-A/WH/09 株)

国家三类新兽药　　批准文号：兽药生字 280017546

多一个组份　多一份关怀

O+O+A

升级换代，全面保护，看重效果！
用**抗体**说话　用**效果**评价

什么才是有效的消毒方法?

幻影360与喷洒消毒特点比较

消毒要素	传统喷洒消毒模式	幻影360消毒模式
消毒范围	表面接触部位	空间无死角全覆盖
消毒时间	5分钟以内	可达2小时以上
消毒浓度	推荐稀释比例	高浓度原液
消毒剂量	300ml/m²,难准确	设定时间,剂量准确
人员执行力	复杂难执行	简单100%执行

使用场景展示

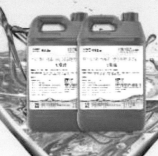

兽药字160225335

牧翔

五味健脾颗粒

调脾胃 助消化
防腹泻 更彻底

消除断奶应激 助力猪宝宝平稳度过"断奶关"

功能定位

补脾益气，渗湿止泻。采食低下、拉稀过料、脱僵、促生长

使用机会

断奶仔猪腹泻，大便稀溏，混有气泡，过料，采食低下、逐渐消瘦等

图书在版编目（CIP）数据

规模养猪非洲猪瘟等重大疫病防控技术图谱 / 代广军，苗连叶，戴秋颖主编. —北京：中国农业出版社，2020.11

ISBN 978-7-109-27727-4

Ⅰ.①规…　Ⅱ.①代…②苗…③戴…　Ⅲ.①非洲猪瘟病毒 – 防治 – 图谱　Ⅳ.①S852.65-64

中国版本图书馆CIP数据核字（2021）第003846号

中国农业出版社出版

地址：北京市朝阳区麦子店街18号楼
邮编：100125
责任编辑：赵　刚
版式设计：王　晨　　责任校对：吴丽婷
印刷：北京缤索印刷有限公司
版次：2020年11月第1版
印次：2020年11月北京第1次印刷
发行：新华书店北京发行所
开本：700mm × 1000mm　1/16
印张：13.75
字数：350千字
定价：98.00元